水利预算绩效管理
实践探索与改革路径研究

PRACTICE EXPLORATION AND REFORM PATH RESEARCH OF
WATER CONSERVANCY BUDGET PERFORMANCE MANAGEMENT

钱水祥　王健宇　毕诗浩 ◎著
关　欣　王怀通　王　宾

U0226374

经济管理出版社
ECONOMY & MANAGEMENT PUBLISHING HOUSE

图书在版编目（CIP）数据

水利预算绩效管理实践探索与改革路径研究／钱水祥等著. —北京：经济管理出
版社，2021. 11

ISBN 978-7-5096-7746-9

Ⅰ. ①水…　Ⅱ. ①钱…　Ⅲ. ①水利工程—预算—经济绩效—财务管理—研究
Ⅳ. ①TV512

中国版本图书馆 CIP 数据核字（2021）第 241045 号

策划编辑：赵亚荣
责任编辑：赵亚荣
责任印制：黄章平
责任校对：董杉珊

出版发行：经济管理出版社
　　　　　（北京市海淀区北蜂窝 8 号中雅大厦 A 座 11 层　100038）
网　　址：www. E-mp. com. cn
电　　话：（010）51915602
印　　刷：唐山玺诚印务有限公司
经　　销：新华书店
开　　本：710mm×1000mm /16
印　　张：10. 75
字　　数：160 千字
版　　次：2021 年 12 月第 1 版　　2021 年 12 月第 1 次印刷
书　　号：ISBN 978-7-5096-7746-9
定　　价：68. 00 元

序

　　全面实施预算绩效管理是推进国家治理体系和治理能力现代化的内在要求，是适应新发展阶段我国经济社会发展形势的必然选择。党的十八大以来，我国经济发展进入新常态，必须全面深化财政体制改革，构建现代财政制度，建立适应新发展要求的预算管理制度。而全面实施预算绩效管理就是现代财政制度建设的关键点和突破口，党中央、国务院历来高度重视预算绩效管理工作，党的十九大报告提出，要"建立全面规范透明、标准科学、约束有力的预算制度，全面实施绩效管理"。2018年9月，党中央、国务院印发《中共中央　国务院关于全面实施预算绩效管理的意见》，要求加快建成全方位、全过程、全覆盖的预算绩效管理体系。《中华人民共和国国民经济和社会发展第十四个五年规划和2035年远景目标纲要》进一步指出，要"深化预算管理制度改革，强化预算约束和绩效管理"。随着党和国家一系列政策措施的先后出台，我国预算绩效管理逐步进入改革创新的深化阶段，成为新发展时期推进预算绩效管理工作的指南。

　　水利是经济社会发展的基础性行业，是党和国家事业发展大局的重要组成部分。中国共产党建党100年以来，我国水利事业成就举世瞩目，水安全保障有力支撑了中华民族从站起来、富起来到强起来的历史性飞跃。习近平总书记更是站在战略和全局的高度，提出"节水优先、空间均衡、系统治理、两手发力"的治水思路。新发展阶段，我国水利发展已经站到了新的起点，这就要求把发展着力点转向提升发展质量，推动水利向形态更高级、基础更牢固、保障更有力、功能更优化的阶段演进，把治水思路不折不扣落实到水利高质量发展各环节全过程。

水利预算绩效管理既是完善我国预算绩效管理的重要内容，又是高质量推进水利事业发展的坚实保障。一直以来，水利部高度重视预算绩效管理工作，是最早开展预算绩效管理试点工作的中央部委之一，连续多年在中央部门预算绩效管理工作考核中荣获"优秀"等级。经过多年的实践与总结，水利预算绩效管理已经逐步建成"预算编制有目标、实施过程有监控、实施完成有评价、评价结果有反馈、反馈结果有应用"的全过程绩效管理机制，使绩效管理工作贯穿于预算管理全生命周期，提高了水利财政资金使用效益。可以说，水利预算绩效管理走在了改革的前列，探索形成了可复制可推广的经验做法，在推动我国预算绩效管理工作中发挥了重要作用。

钱水祥等人的这部著作紧紧围绕"新时代高质量推进水利预算绩效管理"这一研究主题，系统梳理了水利预算绩效管理的政策沿革，阐释了当前水利预算绩效管理发展面临的现实困境及未来改革路径，并从理论和实践两个层面进行了深入探讨。理论研究层面，以公共选择理论、委托—代理理论和新公共管理理论等为基础，梳理我国预算绩效管理政策沿革，分类整理水利部预算绩效管理政策，客观阐述我国水利预算绩效管理的现实状况，分析严密，逻辑性强，为后续研究奠定了坚实的理论基础。实践操作层面，以水文测报项目预算绩效管理和黄河水利科学研究院基本科研业务费预算绩效管理为案例，提炼了我国水利预算绩效管理的主要经验，案例选取恰当，数据翔实可靠，展现了当前水利预算绩效管理的成效。本书较好地兼顾了理论研究和实践探索的优势，使研究更加饱满，富有逻辑性、思考性和探索性。

诚然，相比西方发达国家而言，我国预算绩效管理起步较晚，但经过长期的实践，已逐步形成具有中国特色的预算绩效管理经验。当前，中国特色社会主义进入新时代，新时代产生新思想，新思想指导新实践，新时代中国特色社会主义经济思想为我国做好社会经济工作，也为有力有序推进水利预算绩效管理，提升水利发展资金使用绩效，更好地服务保障水利事业高质量发展提供了根本遵循。希望本书能够为水利部门、相关科研院所、基层单位实践提供借鉴参考，助力水利预算绩效管理提质增效。

2021 年 12 月于北京

摘 要

  中华人民共和国成立 70 多年来，我国社会经济发展发生了翻天覆地的变化，经济总量已经跃居世界第二位，社会主义市场经济体制也逐渐建立并完善。在市场经济条件下如何实现稀缺资源的效益最大化成为政府需要直面的现实问题，更成为急需学者探讨的理论课题。政府需要满足不断增长的社会公众需求，解决公共利益需要和财政保障之间的矛盾，因此在公共支出领域要讲求财政资金使用效益的最大化。

  党中央、国务院历来高度重视预算绩效管理工作，强调要深化预算制度改革，加强预算绩效管理，提高预算资金的使用效益和政府工作效率。我国自 20 世纪 90 年代末和 21 世纪初开始预算绩效管理工作至今，已经逐渐形成较为完善的预算绩效管理体系，无论是国家高层还是各部委均研究制定了相应的政策发展体系，保障了我国预算绩效管理工作顺利开展。在政策保障方面，党的十六届三中全会提出"建立预算绩效评价体系"；2018 年 9 月，《中共中央　国务院关于全面实施预算绩效管理的意见》，标志着我国步入了全面实施预算绩效管理的新时代；《中华人民共和国国民经济和社会发展第十四个五年规划和 2035 年远景目标纲要》要求深化预算管理制度改革，强化对预算编制的宏观指导和审查监督。加强财政资源统筹，推进财政支出标准化，强化预算约束和绩效管理。一系列政策已经表明，预算绩效管理工作已经上升到至关重要的地位。特别是党的十八大以来，在以习近平同志为核心的党中央坚强领导下，各地区各部门认真贯彻落实党中央、国务院决策部署，财税体制改革加快推进，预算管理制度持续完善，财政资金使用绩效不断提升，对我国经济社会发展发挥了重要支持作用。

我国水利预算绩效管理是预算绩效管理工作的重要组成部分，在近20年的发展历程中，已经逐步实现从"过程管理"到"效果管理"，从"事后考评"到"事前设定绩效目标、事中实施绩效监控、事后进行绩效评价"全过程绩效管理的转变。新发展阶段，我国水利事业要实现高质量发展，就必然要做好预算绩效管理工作，以更好地提升水利发展资金使用效率，保障水利事业健康有序发展。

本书通过对经济学和管理学中"绩效"问题的思考，在公共选择理论、委托—代理理论、新公共管理理论等经济学和管理学相关理论分析的基础上，聚焦水利预算绩效管理问题，回顾了我国预算绩效管理的发展历程，着重对我国水利预算绩效管理的政策进行了详细梳理，并对比分析了国外绩效管理经验。基于此，提炼出我国水利预算绩效管理的主要做法、主要经验、典型案例，指出当前我国水利预算绩效管理存在的问题和面临的挑战，最终提出水利预算绩效管理的时代价值、总体思路，以及水利预算绩效管理的改革趋向。

本书认为，当前我国水利预算绩效管理制度已经逐步建立，部门预算绩效管理的组织领导体系也日臻完善，财政资金支出责任意识不断增强，财政资金的使用效率有所提高。在此基础上，本书提炼了水利预算绩效管理的主要经验，即领导高度重视，高位推动绩效管理工作；加强理论创新，建立联动机制；归纳梳理，形成全过程预算绩效管理思路；做深试点评价，示范推动全面绩效管理；强化宣传培训，提升水利行业绩效管理能力；注重源头把控，夯实绩效管理基础；注重评价和结果应用，提高资金使用效率。但是，我国水利预算绩效管理工作也面临着预算绩效管理队伍建设仍需加强、绩效评价提质扩面面临较大压力、预算绩效监控能力不强、绩效评价机制仍需进一步创新、绩效评价指标体系仍需动态完善等现实性问题。

　　本书最后提出，新发展阶段，为了更好地保障我国水利事业高质量发展，水利预算绩效管理工作应该以习近平新时代中国特色社会主义思想为指导，以"十六字"治水思路为引领，立足新发展阶段、贯彻新发展理念、构建新发展格局，以服务水利高质量发展为目标，积极践行水利预算管理"三项机制"，坚持系统观念、底线思维、问题导向和结果导向，围绕中心、服务大局，牢固树立"花钱必问效、无效必问责"的绩效管理理念，按照"预算编制有目标、预算执行有监控、预算完成有评价、评价结果有反馈、反馈结果有应用"的全面实施绩效管理新思路，推动绩效管理提质增效，推进建立全方位、全过程、全覆盖的水利预算绩效管理体系。在具体改革趋向方面，要不断强化预算绩效目标管理科学性，创新预算绩效评价技术，推动预算绩效评价结果反馈作用，加强预算绩效管理实施的组织保障。

目 录

第一章

绪　论

作为开篇章节，本章将重点从研究背景和研究意义出发，阐述新发展阶段我国水利预算绩效管理工作面临的历史背景和时代背景，从理论价值和现实意义两个方面论述本书的写作目的，并从研究思路和研究方法两个方面论述本书的研究安排，为后文研究起到纲领性作用。

第一节　研究背景与研究意义

预算绩效管理具有鲜明的历史背景和时代背景，其适应了我国社会经济发展的现实需要，为提高我国财政资金使用效率、完善我国财政管理体制发挥了重要作用。

一、研究背景

任何一种思想或思潮的产生都是与当时的社会经济发展水平相适应的，从历史背景来看，国际上预算绩效管理思想的出现主要是受 20 世纪 80 年代公共管理革命的影响。当时西方主要国家掀起的"私有化"浪潮，导致各国纷纷采取了削减政府管控的措施，企业经营战略也开始发生较大转变，更多地强调战略管理思想。基于此，在 20 世纪 90 年代，催生了"公共管理"的思潮。该思想的产生更加看重的是结果，从如何提高政府运行效率出发，展开政府重塑或者公共部门再造。正是由于政府公共管理思想的转变，自然过渡到公共预算管理的使命和任务发生变革，此时，预算管理的重心也逐渐转为结果导向和业绩导向，摒弃了传统的合规性控制和过程管理，"公共管理"思想由此诞生。反观国内，20 世纪 90 年代以来，伴随着市场经济体制的初步确立，财政预算管理制度也经历了一系列的重大改革，各级财政实力不断壮大，财政管理更加科学规范，逐步形成了覆盖预算编制和执行各个环节的全新的财政管理框架体系。21世纪初，我国就已经在部分省份开展了绩效评价试点工作，为全面推进预算绩效管理做出了先期试探。2003年，党的十六届三中全会提出，要建立预算绩效评价体系，从此开启了我国具有完整意义的、以绩效为导向的预算绩效管理工作。这将有助于发挥预算绩效评价的导向作用，提高财政支出的有效性，促进预算决策程序的规范化和民主化，并为进一步推进包括预算绩效改革在内的各项财政管理体制改革打下坚实的基础。由此可见，预算绩效改革伴随着我国社会经济的发展产生，适应了不同阶段社会经济发展和政治改革的需要，是新公共管理在中国的具体实践。水利预算绩效管理正是兴起于这一段时间，从先期的财政部试点，到后期预算绩效管理逐渐完善和成熟。可以说，水利预算绩效管理适应了不同时期、不同发展阶段的需求，为全力保障我国水利事业发展，推进水利财政资金高效实用发挥了重要作用。

从时代背景来看，党的十八大以来，我国各项事业取得了更大进步，社会经济发展水平持续提升，国家综合实力和国际地位得到显著增强。特别是党的十八届三中全会提出要推进国家治理体系和治理能力现代化，这是提高我国综合实力的必然选择，也是我国社会经济发展到一定阶段后的最优路径。全面推进预算绩效管理是推进国家治理体系和治理能力现代化的重要组成部分，是新发展阶段深化财政体制改革和建立现代财政制度的重要内容。其中，最具有典型代表意义的是《中共中央　国务院关于全面实施预算绩效管理的意见》的颁布实施，其以习近平新时代中国特色社会主义思想为指导，按照高质量发展要求，以供给侧结构性改革为主线，聚焦新时代预算绩效管理工作中存在的突出问题，对全面推进预算绩效管理工作进行了顶层设计，是当前和今后一段时期内我国预算绩效管理工作的根本遵循。水利系统推进预算绩效管理改革，是提高水利部门预算绩效管理效率的深刻变革，更是一项涉及面广、难度大的系统性工程。尤其是党的十九大报告明确要求，加快建立现代财政制度的重要部署，提出要建立全面规范透明、标准科学、约束有力的预算制度，全面实施绩效管理。为贯彻落实这一要求，水利系统预算绩效管理工作必须紧紧围绕提高财政资金使用效率这一中心，不断提升公共服务水平和质量，确保我国水利事业取得更高质量发展。一直以来，水利部党组高度重视水利预算绩效管理工作，多次强调要牢固树立"用钱必问效、问效必问责、问责效为先"的绩效管理理念，对全面实施水利预算绩效管理提出了明确要求。本书旨在通过阐述新发展阶段我国水利预算绩效管理工作面临的现实困难，提出未来我国水利预算绩效管理的可行性路径，以适应不断变化和发展着的国内国际社会经济形势，以期更好、更高质量地服务于我国水利事业发展。

二、研究意义

从理论价值来看，公共支出效率问题一直以来都是公共部门经济学和管理学研究的重点问题之一。在世界范围内，预算制度改革和实践创新也需要关注"支出效率"这一逻辑主线。其实，学术界自20世纪中期开始，就从微观层面展开了对公共支出效率的研究，并将其作为公共部门理论的重要组成部分，对于提高公共部门管理学科的发展发挥了重要作用。诚然，预算绩效管理思想不仅仅在私人部门管理理论中被引用，更重要的是这种思想被逐渐借鉴到公共部门管理领域。通过梳理国外文献可知，20世纪80年代开始，世界范围内以结果为导向的绩效管理理念被应用于政府预算改革中，并开始在英国、美国、澳大利亚等西方国家普遍建立起了绩效预算制度框架和运行机制。对比国内，我国在21世纪初才开始预算制度改革，主要以部门预算、政府采购、国库集中收付、收支两条线以及政府收支分类改革为主要内容。通过一系列的改革措施，逐渐形成了与我国社会经济发展水平相适应的公共预算框架，在很大程度上提高了我国财政预算管理水平，提升了我国财政资金利用效率。更具体地，我国水利预算绩效管理的实践仅20年左右，在不断发展过程中，探索出了较为成熟的实践经验，也在一定程度上补充了公共支出效率理论和公共部门经济学的相关内容。

从现实意义来看，我国在水利预算绩效管理方面已经做出了多项改革，并且多项改革试点工作都走在了前列，为推动我国政府部门预算绩效管理工作提供了典型经验，也提供了很好的预算绩效管理方案。但由于水利部门在这一方面起步较晚，目前来看，与我国经济高质量发展的需求、与社会主义现代化建设的目标相比，仍然存在着诸多不成熟的制度。特别是在具体的预算绩效管理工作中，存在着诸多现实性问题亟待解决。政府预算绩效管理是企业预算绩效管理工作在财政管理体制中的具体体现，将市场竞争机制引入政府财政预算，既是对现有财政体制管理的挑战，也是进一步夯实政府公共支出责任，提高财政支出运行效率的重要举措。政府部门通过预算绩效管理工作，能够更好地优化财政支出结构、优化资源配置效率、提高财政资金产出效率，为社会公众提供更优质的公共服务，这也符合我国进一步转变政府职能，向服务型政府过渡的需要。同时，党的十八届三中全会已经明确提出，全面深化改革的总目标是完善和发展中国特色社会主义制度，推进国家治理体系和治理能力现代化。水利预算绩效管理工作，不仅仅是提高水利财政资金使用效率的必然选择，更是推进国家治理体系和治理能力现代化的强有力抓手。新发展阶段，我国水利事业对水利预算绩效管理工作提出了新要求、新目标，科学推进水利预算绩效管理工作是高质量推进水利事业发展的重要组成部分，对于进一步提高资金利用效率，缓解政府收支与公共需求之间的矛盾等发挥着现实作用。

第二节　研究思路与研究方法

本书通过对经济学和管理学中"绩效"问题的思考，在对公共选择理论、委托—代理理论、新公共管理理论等经济学和管理学相关理论分析的基础上，聚焦水利预算绩效管理问题，梳理了我国预算绩效管理的发展历程，并着重对我国水利预算绩效管理的政策进行了详细阐释。基于此，提炼出我国水利预算绩效管理的主要做法、主要经验、典型案例，指出当前我国水利预算绩效管理存在的问题和面临的挑战，然后以国外绩效管理的经验借鉴与启示为补充，最终提出了水利预算绩效改革的时代价值、总体思路和改革趋向。

一、研究思路

在结构体系上，本书按照"提出问题—理论研究—政策梳理—改革思路与框架—国外经验—对策建议"的顺序分为六章，具体章节安排如下：

第一章，绪论，重点从研究背景和研究意义出发，阐述新发展阶段我国水利预算绩效管理工作面临的历史背景和时代背景，从理论价值和现实意义两个方面论述本书的写作目的。并从研究思路和研究方法两个方面论述本书的研究安排，为后文研究起到纲领性作用。

第二章，基本概念和理论基础，重点阐述预算、绩效、预算绩效等基本概念，并详细分析了公共选择理论、委托—代理理论和新公共管理理论的内涵及在本书中的应用。

第三章，我国预算绩效管理法律法规政策梳理，从阐述我国推行预算绩效改革的重要性开始，论述了我国预算绩效管理政策的发展历程。在此背景下，进一步梳理了历次《预算法》对预算绩效管理的规定。继而将我国水利部门预算绩效管理工作划分为预算绩效管理探索阶段（2002~2008年）、全过程绩效管理阶段（2009~2012年）和全面实施预算绩效管理阶段（2013年以来）三个阶段，并分目标管理、运行监控和绩效评价三个门类对现有重要水利预算绩效管理政策进行了梳理，理顺了我国水利部门预算绩效管理政策体系。

第四章，我国水利预算绩效管理现状分析，在前述章节基础上，重点阐述我国水利预算绩效管理工作所取得的成效，并提炼出了我国水利预算绩效管理的主要经验，同时以水文测报项目和黄河水利科学研究院两家预算单位为例，归纳了水利预算绩效管理的创新机制，进而提出了当前我国水利预算绩效管理存在的问题，并从宏观视角探析了水利预算绩效管理面临的现实困难，为提出新发展阶段我国水利预算绩效管理思路及对策建议提供了必要参考。

第五章，国外绩效管理经验借鉴与启示，选取英国、美国、加拿大、澳大利亚和世界银行这五个具有代表性的国家和国际组织，在对其绩效管理改革经验分析的基础上，总结出对我国预算绩效管理改革的借鉴意义，引出了进一步完善我国预算绩效管理体系的思考。

第六章，新阶段水利预算绩效管理改革创新思路与改革趋向，首先阐述了新时期我国水利预算绩效管理改革的时代价值。其次，基于此，提出了水利预算绩效管理的总体思路，并对水利预算绩效管理的着力点，即水利预算绩效评价环节进行了重点论述。最后基于全书前述分析，阐述了新发展阶段为推进水利事业更好发展，就必须要高度关注预算绩效管理工作，摒弃以往预算绩效管理过程中存在的痛点，利用新思维、新方法推进水利预算绩效管理工作。

二、研究方法

在具体研究方法上，本书主要以预算绩效管理为核心要点，在梳理我国预算绩效管理政策基础上，与国外发达国家预算绩效管理工作做对比，在实现多学科交叉基础上，主要采取规范分析方法、历史分析方法和对比分析方法。具体而言：

（1）规范分析方法。本书在公共选择理论、委托—代理理论和新公共管理理论等经济学、管理学理论框架下，以我国水利预算绩效管理改革为焦点，梳理水利预算绩效管理的政策法规，对当前水利预算绩效管理存在的困难及面临的挑战进行深入研究，并对如何构建和完善水利预算绩效管理制度提出针对性政策建议。

（2）历史分析方法。本书遵循历史发展的逻辑脉络，将我国预算绩效管理的历史演进进行了阶段划分，即预算绩效管理的萌芽阶段、全过程预算绩效管理阶段和预算绩效管理的推进阶段，并以重要的时间节点和具有代表性的政策法规为依据，从宏观层面理顺了我国预算绩效管理的政策体系。同时，将水利预算绩效管理划分为三个阶段，并分目标管理、运行监控和绩效评价三个方面对现有水利预算绩效管理的法规进行分类梳理，更加客观地展示了我国预算绩效管理工作，特别是对水利预算绩效管理工作的历史演变进行了分析。

（3）对比分析方法。水利预算绩效管理是社会主义市场经济的重要组成部分，且会伴随着社会、经济、政治、信息等要素的变化而不断深入。任何理论的不断深化与创新，都会随着实践的产生而逐渐深入，发展中国家在社会、经济、政治等方面与发达国家有着明显的差异，这种差异也必然会导致两者在预算绩效管理方面存在不同，特别是与之相对应的财政体制、机制等，这些对于深化预算绩效管理理论具有重要价值。英国、美国、加拿大、澳大利亚等市场经济发达国家在政府绩效预算管理制度改革方面的历史经验和现实做法对于正处于制度建设和完善阶段的我国具有典型的借鉴意义。

| 第二章 |

基本概念和理论基础

理论研究的前提是概念界定清晰，并在此基础上形成贯穿全书的理论基础。本章将重点阐述预算、绩效、预算绩效等基本概念，并详细分析公共选择理论、委托—代理理论和新公共管理理论的内涵及在本书中的应用。

第一节　基本概念

一、预算

　　《辞海》对于"预算"的界定，是指经过法定程序批准的政府、机关、团体和事业单位在一定期间的收支预计。预算又可以根据预算单位的不同分为国家预算、中央预算、地方预算等。而通俗讲的"预算"则主要是针对企业而言，也就是通过客观分析企业面临的内外部环境，在科学生产经营预测和决策的基础上，用价值等形态反映企业未来一定时期投资和财务状况的规划。预算由预算多少资金、为什么需要这些资金、如何支出资金等内容构成。预算根据不同的划分标准，可以分为不同的形式：如果根据涵盖的内容范围，可区分为经营预算、资本预算和财务预算等种类；如果根据编制的特征，可分为未来状态预算、责任预算和措施预算；如果按照预算执行时间的长短，可以分为短期预算和长期预算；等等。我国早在 20 世纪 90 年代就已经开始了以部门预算为主的预算编制改革。

　　为了更加突出研究主题和研究内容，本书界定的预算主要是政府预算，是政府按照一定的公共政策和原则、程序编制，并经立法机构通过的财政资金收支计划，既包括财政收入，也包括财政支出，具有计划性、公共性、政策和法定性的特征。众所周知，财政是实现国家治理的支柱，而预算作为财政的核心内容，更是实现国家治理体系和治理能力现代化的重要抓手。美国著名公共行政学家和公共预算专家 Irene S. Rubin（2001）在其 *The Politics of Public Budgeting*：*Getting and Spending*，*Borrowing and Balancing* 一书中指出，预算的实质在于资源的优化配置，需要一定的决策过程以使预算平衡，即从不同角度来看，政府预算有多种理解方式，呈现出预算内涵的多视角理解①。由此可见，政府预算根据内容、形式、决策程度、功能作用等不同分类，可以有多种表达方式。

在我国的预算体系内，政府预算是根据不同的政权结构、行政区划和财政管理体制的要求而确定的各预算级次和预算单位②。其实早在 1994 年 3 月，我国就已经通过了最早的《中华人民共和国预算法》（以下简称《预算法》），该法是我国第一部有关预算的国家级法律文件，经第八届全国人民代表大会第二次会议通过，后来又经过了两次修订（2014 年和 2018 年）。《预算法》中明确提出我国预算主要由两部分构成：一是中央预算，二是地方预算。地方预算又根据我国行政划分的不同，分为省、自治区和直辖市等。在我国，政府预算管理实行一级政府一级预算的管理制度，分为中央、省（自治区、直辖市）、市（自治州）、县（自治县、不设区的市、市辖区）、乡（民族乡、镇）五级预算（见图 2-1）。地方各级总预算由本级预算和下一级政府预算构成，地方各级政府预算则主要是地方本级政府各部门预算的汇总。

---

① ［美］爱伦·鲁宾. 公共预算中的政治：收入与支出，借贷与平衡 ［M］. 叶娟丽，译. 北京：中国人民大学出版社，2001.

② 马海涛，曹堂哲，王红梅. 预算绩效管理理论与实践 ［M］. 北京：中国财政经济出版社，2020.

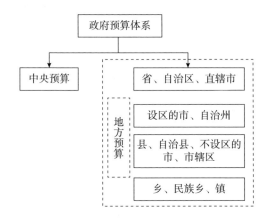

图 2-1　我国政府五级预算体系

二、绩效

绩效（Performance）的概念出现于经济学、政治学、社会学等多个学科中，不同学者、不同学科对其有着不同的界定。其最初被应用于企业分析，原意标识"执行""行为""表现""完成"等，此后被不同学者延伸为活动或行动最后结果的反映。目前，学术界对于绩效的理解分为三个派别，即结果论、行为论、结果与行为统一论。其中，结果论认为绩效更多关注目标的实现程度，最为典型的是 Bernardin（1995）提出，"绩效应该定义为工作的结果，因为这些工作结果与组织的战略目标、顾客满意度及所投资金的关系最为密切"[1]。行为论则认为绩效是实现目标的过程。Campbell（1993）认为，绩效是行为，应该与结果区分开来，因为结果会受系统因素的影响[2]。但也有学者认为，持有结果论和行为论的理论都存

①　H. K. Bernadin, J. S. Kane, S. Ross, J. D. Spina, D. L. Johnson. Performance Appraisal Design, Development and Implementation［C］//G. R. Ferris, S. D. Rosen, D. J. Barnum. Handbook of Human Resource Management. Blackwell, Cambridge, Mass, 1995.

②　Campbell J. P. Modelling the Performance Prediction Problem in Industrial and Organizational Psychology［C］//N. Schitt, W. Borman（Eds）. Personal Selection in Prganizations, 1993：71-98.

在可改善之处，将绩效作为结果极易造成对达到结果的行为和过程产生误判，忽视了过程的重要性，这样就造成了结果绩效的不准确。同样地，持有行为论的观点由于缺少结果的引导，可能会造成本末倒置。

然而，国外对绩效的理解经过长时间的理论与实践检验后，较为认可的是3E指标，该指标由美国审计总署（GAO）于1972年在《政府的机构、计划项目、活动和职责的审计准则》一书中提出，即经济（Economy）、效率（Efficiency）、效果（Effectiveness）。其中，"经济"主要评估了某组织在既定时间内花费了多少和如何花费了经费。该指标一般是指组织投入管理项目中的资源水准，其更关注的是投入的资金数量，或以尽可能低的成本提供更多的公共服务或产品。但是经济指标并没有关注公共服务或产品的品质问题。"效率"则主要考察了资金使用的效果，即投入了既定资金后产生了什么样的结果，一般包括服务水准的提供、活动的执行、服务于产品的数量、每项服务的单位成本等内容。该指标可以被理解为投入产出比例，并分为生产效率和配置效率两种常见类型。"效果"以效率作为衡量指标，仅适用于可以量化或货币化的公共产品或服务。该指标更加关注"情况是否得到改善"，即公共服务实现标的的程度，如福利状况的改变程度、使用者满意程度、政策目标的成就程度等。

由于"绩效"与"效率"两个概念在内涵上具有复杂的关联性，因此，在公共行政领域，"效率"更多是指投入与产出之间的关系，主要依靠行政规范、制度规章等规范作为促进机制，并且通过资金的实施效果来表征；而"绩效"则更加关注外部各主体之间的关系，涉及行政与社会、社会与公民的关系。

三、预算绩效

国内外对该概念的界定是不同的，在国内一般定义为"预算绩效"，而国外则一般定义为"绩效预算"（Public Performance Budget），由于学者们的理解角度不同，对于预算绩效的定义也就没有统一。从国外研究视角来看，世界银行（World Bank）指出，绩效预算是结果导向的，其衡量标准是项目的成本支出，而核心业务在于绩效评估的一种预算制度，其更加关注资源分配的过程和产出绩效的结果①。美国公共与预算管理办公室（Office of Management and Budget，OMB）则认为，绩效预算管理主要是为了达到预算预期的目标而制定的规划，在这种规划中，需要明确涵盖预算的支出总金额、预算支出的具体内容，并且要对预算实施过程中的成绩和完成情况开展有效量化。由此可见，国外有关绩效预算的概述虽然在具体的表述方式上并不统一，但是仍有共同特点，即通过给定某一部门特定目标，按照该部门完成目标的工作任务下拨预算资金，并通过衡量特定目标的完成情况开展监督。由此可见，国外绩效预算更多的是强调预算执行的结果，而在资金使用方式、使用范围等具体内容的界定上拥有较大的自主权。

　　我国关于"预算绩效"的表述要晚于发达国家，最早见于 20 世纪 90 年代中期，并在 2000 年之后开始逐渐增加。财政部经济建设司与预算司在早期与联合国开发计划署（UNDP）和经济合作与发展组织（OECD）等国际组织进行合作时，先后编写了《绩效预算和支出绩效考评研究》《政府公共部门绩效考评理论与实务》两部论著，对于指导国内预算绩效管理工作提供了很好的参考材料。2005 年 5 月 25 日，财政部为贯彻落实中共十六届三中全会提出的"建立预算绩效评价体系"的内容，并且更加规范和理顺中央部门预算绩效考评工作，提高预算资金使用效率，由预算司印发《中央部门预算支出绩效考评管理办法》，进而确定了我国现阶段绩效考评的基本框架。财政部预算司在 2007 年定义了"预算绩效"（Performance Budgeting，PB）的内涵，指出预算绩效是以目标为导向的预算，是以政府公共部门目标实现程度为依据，进行预算编制、控制以及评价的一种预算管理模式。区别于传统预算管理的地方在于，预算绩效能够在保障财政支出有效性的前提下，赋予预算管理者更多的资金管理自主权，并通过相关报告制度和问责制度构建激励和约束机制，进而有效促进组织目

---

　　① 财政部预算司. 绩效预算和支出绩效考评研究 [M]. 北京：中国财政经济出版社，2007.

标的实现。国内有关预算绩效管理的研究相对于国外而言较晚，但是也取得了既有的认知。贾康和苏明（2004）很早就认为预算绩效管理是有别于传统预算管理的一种新理念，其更加关注的是机构绩效，也就是在任何一家单位制定预算绩效时，都应该以机构绩效为重要依据，将资金的支付和最终的结果联系起来。同时，这种新的预算管理理念更加关注的是绩效的核算，强调资金的使用效率和使用去向，更加关注资金在单一预算年度内的使用情况和产出效果。最重要的是，预算绩效管理更加能够传递一种以民为本的执政理念，即资金必须产生于社会，而产出也必将应用于社会群体，这种效益的产生需要社会公众积极参与，让社会公众亲身感受到，明显区别于简单的政府行为①。

　　具体来看，预算绩效与绩效预算两者无论是在概念内涵上，还是在实施条件上，都有显著不同。从概念内涵上来讲，预算绩效管理更加关注的是法制化和规范化的制度管理，其通过引入绩效管理的理念，逐步实现预算部门的绩效管理全流程，包括预算编制、预算执行、预算监督等各个环节。而绩效预算则是在预算管理规范的条件下产生的，其给予了资金使用者更多的自由权。从实施条件上来讲，绩效预算能够顺利实现更多地依靠制度保障，例如控制预算执行偏差、实行更为严苛的内部控制制度、高标准的公民参与意识等。此外，绩效信息的质量、财政和支出部门的能力以及政治经济环境均会对绩效预算的实施效果产生影响。基于此，绩效预算在实际运用中更加困难，实现难度也要比理论上更加复杂。相比之下，预算绩效管理工作所需要的配套制度、可行性条件等更加宽泛，更加适合新兴经济体的实际情况，也更加适应社会经济的发展水平，因此备受追捧②。

---

① 贾康，苏明. 部门预算编制问题研究 [M]. 北京：经济科学出版社，2004.
② 马蔡琛，苗珊. 预算绩效管理的若干重要理念问题辨析 [J]. 财政监督，2019（19）：29-37.

四、预算绩效管理

《财政部关于推进预算绩效管理的指导意见》（财预〔2011〕416 号）（以下简称《指导意见》）指出，预算绩效管理是将绩效理念融入预算管理全过程，使之与预算编制、预算执行、预算监督一起成为预算管理的有机组成部分，应逐步建立"预算编制有目标、预算执行有监控、预算完成有评价、评价结果有反馈、反馈结果有应用"的预算绩效管理机制。根据《指导意见》，我们不难看出，预算绩效管理工作在本质上讲仍是预算管理，只不过是利用更为先进、更为科学合理的管理理念和管理方法对现有的预算管理模式进行的优化和完善。在核心任务上，预算绩效管理强调支出效率，更加关注的是资金使用效率和资金使用效果，通过不断强化预算绩效管理，提高财政部门的资金支出责任意识。更为具体地，如图 2-2 所示，预算绩效管理主要涵盖预算目标管理、预算绩效运行监控、预算绩效评价实施和预算评价结果等环节，各个环节都是有机统一体，逐渐形成了闭环管理系统。

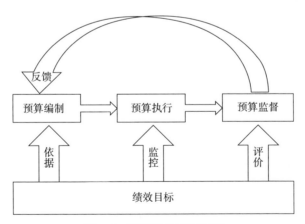

图 2-2　预算绩效管理系统

预算绩效管理按照预算资金的性质和内容，可以划分为不同的种类。例如，从预算资金的性质角度来看，预算绩效管理可以分为预算收入绩效管理和预算支出绩效管理；从预算支出的范围角度来看，预算绩效管理可以分为基本支出预算绩效管理、项目支出预算绩效管理、部门整体支出预算绩效管理、财政预算绩效管理等；从预算支出的级次角度划分，预算绩效管理可以分为本级支出预算绩效管理和上级对下级转移支付预算绩效管理两类；从预算支出的功能来看，预算绩效管理可以分为一般公共服务支出、教育支出、科学技术支出、医疗卫生支出、社会保障和就业支出、农林水事务支出等类别。

第二节　理论基础

一、公共选择理论

早在 18 世纪，法国数学家伯劳德和孔多塞利用数学分析思想解释投票规则，被认为是公共选择理论最早的论述。19 世纪 60 年代，英国经济学家穆勒发表《代议政府论》，被认为是经济学家对整治制度的最初研究。而瑞典经济学家维克赛尔在 19 世纪 90 年代末发表的《公平赋税的新原理》指出，公共选择理论由方法论上的个人主义、经济人以及看作交易的政治三个因素构成。20 世纪 40 年代，西方经济学派逐渐形成了以经济学思维方式研究政府决策行为的理论，也被称为"新政治经济学"（New Political Economy），该理论在 60 年代末 70 年代初趋于成熟。公共选择理论的代表人物有詹姆斯·M. 布坎南（James M. Buchanan）、戈登·图洛克（Gordon Tullock）、邓肯·布莱克（Duncan Black）、威廉·尼斯坎南（William Niskanen）等。

由于经济学与政治学在学科上的思维方式不同，因此在公共选择理论出现之前，经济学家并不能很好地将政府行为纳入经济学的思考范畴，认为政治行为与经济行为在本质上是不同的。然而，公共选择理论的产生很好地诠释了政府行为可以运用经济学理论尝试回答的案例。公共选择理论从经济学中的"理性人"假设开始，研究政府官员，探索其在政府中的各种行为，并假设政府官员是根据个人私利开展工作的，他们的个人行为只是为了谋求各自的福利最大化。因此，公共选择理论最为突出的特点在于很好地利用了经济学理论解释政治现象，较好地诠释了个人偏好与政府公共选择之间的关系，其主要假设基于完全理性，这与经济学中的"经济人"假设是相通的。公共选择理论认为，包括政治家、官员等在内的政治决策参与者都如同经济学中的个人一样是理性的，他们不论是在做出政治决策，还是开展经济行为时，对于这两者的反应在本质上是一致的。经济学理论探究的是在资源有限的前提下，如何利用最小的成本换取更多的收益。同样地，公共选择理论则代表的是任何政治活动所形成的集体决策都是个人决策的集合，都是为了实现利益的最大化。

公共选择理论更加关注市场的作用。该理论认为，市场相对于政府而言，更加具有效用，其通过重新定义政府与市场、政府与社会的关系，进一步阐述了如何解决政府面临的发展难题。基于此，公共选择理论引入了市场或者准市场的竞争机制，让更多公共部门参与到私人生产中，形成了较好的竞争。该理论同时指出，在提供公共服务的同时，应该实现公共组织的理性选择，要适当引入市场竞争机制。而为了更好地解决政府在处理事务时存在的诸多困难和难题，最好的途径是利用市场手段，打破现有政府处置公共事务时的垄断地位，通过公共服务的社会化和市场化提供，给予公众更多的选择机会，以此给予市场或社会主体更多的参与机会，使公共服务的提供主体更加丰富。

公共选择理论的兴起，使对预算绩效的理解更加契合现实。正如上文所述，公共选择理论更加关注的是"理性人"假设，而不再是行政学中的"人性恶"假设，且公共选择理论也将政府管理的重点转移为以结果和鼓励为导向，取代了以往的以规则为主的前提。由于公共选择理论认为公共产品的供给应该是由公众通过公共选择来民主决策，其配置效率要高于少数政府官员的决策，因此，人们对公共产品的偏好必须通过其参与政治活动的过程反映在公共经济部门的决策中。这就为预算绩效管理提供了很好的解释，因为这使公共产品配置效率不断向帕累托最优靠近，必须要保证预算的公开透明，必须要保证预算能反映大多数人的意愿，以公共满意度作为评价预算分配的重要标准。而预算绩效是透明的预算，其主张通过公共部门的报告制度全面、准确地反映公共支出的绩效，并将预算透明度作为高预算绩效制度的基本特征，这正好契合了公共选择理论的观点。同时，预算绩效更加强调结果的有效性，将人们的满意度作为重要的绩效考核指标并赋予了较高的权重，主张按绩效状况分配预算资源。这种以公众偏好为标准的考核方式，正是基于公共选择理论的观点。

此外，预算绩效是为了更好地解决"政府失灵"而采取的更为灵活的方式。在公共选择理论中，政府失灵与市场失灵是同时存在的，政府也会存在失灵，而且政府失灵将会给社会经济带来更严重的后果，造成更大的浪费。造成政府失灵的原因有很多，政府在面对任何决策时，都是在力争弥补市场缺陷，通常会采取一些立法、行政管理等行政手段干预市场，这必然导致了政府干预经济的效率低下和社会福利损失，进而引出了政府部门需要进行分权和引入竞争的必要性问题。由此表明，无论是政府还是市场，都不是万能的，而解决政府失灵带来的浪费和低效是政府改革的动力。预算绩效的提出也是基于这一点展开的，其正视了政府管理过程中可能出现的上述问题，并把解决这些问题作为改革的主要目标，主张通过将私人部门绩效管理理念引入预算管理中，从而为上述问题提供解决方案。从这个意义上来看，预算绩效是为解决公共选择理论提出的"政府失灵"而进行的预算制度创新①。

基于以上分析，公共选择理论为更好地阐述预算绩效管理提供了新思路和新方法。上述理论已经明确，公共服务或公共商品的提供应该更多由公众以投票的形式产生，这恰巧是预算绩效管理中"公共性"的要求。也就是说，预算绩效管理就是公共选择的预算，其通过更多地采纳公众的偏

---

① 邓毅. 公共选择理论与绩效预算 [J]. 行政事业资产与财务，2009（2）.

好，并将其反映在公共预算管理中，以达到预算绩效管理的宗旨。同时，公共选择理论认为，官员自身出于"经济人"的假设，会追求自身利益最大化，在预算绩效管理过程中，难免会将个人情感带入公共决策中，而公共选择理论很好地规避了这一缺陷，更多的是体现民主的重要性，充分体现公众对公共事务选择的权利，这也正是预算绩效管理应该着重加强的环节。此外，公共选择理论还能够解决政府失灵问题。政府失灵，即在政府的公共事务或相关活动中由于缺乏必要的干预措施，导致效率缺乏。预算绩效管理则很好地正视了这一问题，并通过建立竞争机制和监督机制加以完善，以避免公共资源浪费，借助于立法、行政、司法等部门的相互配合和相互监督，更好地发挥政府自身优势，突出市场的作用，以减少政府失灵所带来的连锁反应。

二、委托—代理理论

委托—代理理论（Principal - Agent Theory）在制度经济学中占据了较高地位，是契约理论的重要内容，其在研究内部信息不对称和激励问题上具有重要作用，其中心思想在于委托人如何在信息不对称的环境下，实现有效地激励代理人的问题[①]。其实早在20世纪30年代，美国学者Berle和Means就已经提出了有关委托—代理理论的相关内涵和理论，他们认为如果企业的所有者也是企业的经营者，两者都是同一人，则会存在很大的弊端。为了更好地促进企业健康稳定发展，应该逐渐实现所有权和经营权的分离，作为企业的所有者，仅持有所有权，此时需要将经营权让渡，由此形成了委托—代理理论，这也是现代公司治理的逻辑起点[②]。更进一步地，许多学者针对该理论提出了补充，以美国学者Rose在1973年提出的"委托—代理"概念最具代表性。其将委托—代理关系由企业扩展到了更为广

[①] 王海涛. 我国预算绩效管理改革研究 [D]. 财政部财政科学研究所博士学位论文, 2014.

[②] 马海涛, 曹堂哲, 王红梅. 预算绩效管理理论与实践 [M]. 北京：中国财政经济出版社, 2020.

泛的组织，形成了更一般化的理论，并认为当事人双方只要代理人代表委托人开始行使某些决策权，那么委托—代理关系就产生了。从本质上来看，委托—代理关系主要解决了三大难题：信息不对称问题、多层委托—代理关系问题和公共产品的垄断问题。

首先，针对信息不对称问题。其实在市场经济活动中，交易双方对于信息的了解都会存在差异，或者有意隐藏信息，这就增加了交易成本。委托人和代理人之间的信息不对称会造成更大程度上的浪费和资源错配。在信息对称前提下，委托人和代理人的信息都能够实现双方互通，此时，代理人的行为是可以被委托人观察到的，委托人也可以根据对代理人信息的把握进行奖励或惩罚的选择。在所有权和经营权分离的情况下，由于委托人和代理人对于目标函数的理解和设定不同，相同信息在委托人和代理人之间的分布自然是不对称的，由此产生了"信息不对称"。而契约理论则认为，信息不对称是一切经济问题产生的根源所在。由于信息存在不对称，委托人和代理人对双方的信息了解并不深入，双方只能够掌握彼此部分或很少的信息，增加了交易风险。由于存在这种信息理解偏差，代理人可以借助更为充分的信息内容，处于相对有利的地位，而信息贫乏的委托人则处于不利一方。此时，代理人为了追求经济利益，有可能借助占有的不对称信息来损害委托人的利益，实现代理人自身利益最大化，这时如果委托人约束不力，极易造成利己损他的违约行为。在预算绩效管理过程中，这种委托—代理关系体现得更为明显的地方在于政府与公众之间的信息不对称。由于政府将部分信息不公开，将部分结果隐藏起来，那么，公众就很难对资金运行效率进行直观监督，这将直接导致政府的财政支出计划与公众的需求之间发生不匹配，甚至会出现背道而驰的问题。另外，预算绩效管理的信息不对称也会发生在政府不同层级之间，这种上下级之间的信息不对称，既不利于信息的上传，更不利于信息的下达。各级官员会出于自身利益最大化的考量，将部分信息不公开，以便获取更多的资源。不能获取充分信息的上级部门就无法合理分配资源，直接影响政府对社会公众需要的公共产品与服务的提供。

其次，针对多层委托—代理关系问题。不论是国家还是企业，都会存在许多层级的政府、许多层级的部门，每个层级又有不同的职能部门，这些政府、部门之间也会存在多层委托—代理关系。从预算绩效管理来看，财政资金的委托人是公众，此时的代理人是各级职能部门的财政部门，财政部门则委托职能部门对资金进行合理配置，以达到资金使用效率的最优化和最大化，以便为公众提供更好的公共服务和公共产品，此时的代理人是职能部门，这就造成了两者之间对公共服务和公共产品的信息不对称问题。多层委托—代理关系必然导致交易成本的增加，显然也增加了政府、职能部门、财务部门、公众之间的信息沟通成本，这种结果极易造成资金使用效率的下降①。

最后，针对公共产品的垄断问题。在现实生活中，公共产品的供给多由政府部门承担，作为市场主体的社会组织很难进入这部分领域，也就造成了垄断行为。在私人产品的垄断市场中，厂商按照边际收益等于边际成本确定产量，垄断产量会小于竞争条件下的产量，而价格却高很多。但是，在公共产品的供给上，政府并不直接面对公众需求，公众因获得公共产品而支付的税收或费用与其接受的公共产品是分开的。这种供给与需求之间的不匹配，导致在很大程度上既满足不了彼此的最优需求，更降低了资金使用效率。同时，由于信息不对称，也就造成了政府在提供公共产品时更加关注是否完成了上级给定的任务量，而对于公共产品的质量和产出效率不加以重视，片面追求预算的增加，忽视了最关键的产出效率，这种情况带来的最直接影响便是政府财政预算的逐年扩大。

综合以上分析，委托—代理理论之所以能够用来很好地解释预算绩效管理，在于从财政资金的执行来看，政府和公众之间存在信息不对称，政府部门更多地扮演预算编制者和执行者的角色，在预算成本和公共产品质量的提供上并不是特别关注，再加上部分财政预算信息的不公开，导致公众对于相关信息的了解不深入，公众的利益诉求与政府供给产品并不吻

---

① 伍玥. 我国绩效预算改革研究［D］. 中国财政科学研究院硕士学位论文，2017.

合，由此便出现了激励不相容问题，这就造成了委托人和代理人之间的矛盾。同时，政府在预算绩效管理过程中具有双重身份，作为委托人，其是预算资金的编制者；作为代理人，政府的职能部门又是资金的具体使用者。根据委托—代理理论，解决好这种信息不对称的关键在于提高信息透明度和建立激励相容机制。预算绩效信息公开，既可以督促政府更合理地利用财政资金，达到财政资金使用效率最大化，又能够提高公众参与的积极性。

三、新公共管理理论

新公共管理理论（New Public Management Theory）是相对于传统公共行政学管理理论的新研究范式，起源于 20 世纪 80 年代，代表人物有英国著名行政学者克里斯托弗·胡德（Christopher Hood）、美国改革家戴维·奥斯本（David Osborne）和美国学者麦可尔·巴泽雷（Michael Barzelay）。之所以称为新公共管理理论，主要是针对传统公共行政学而言。传统公共行政学产生于 19 世纪末 20 世纪初，主要代表理论是马克斯·韦伯的理性官僚制理论（Rational Bureaucracy Theory）和威尔逊、古德诺等的政治与行政二分法理论（Separation of Administration and Politics Theory）。传统公共行政学认为，政府管理主要是以分层制为基础的，权力相对集中，层次也相对分明，但是规模比较大，程序较为烦琐，各级官员都在遵照相关规定办事，其行为具有标准化而非人格化特征，他们通过运用相对固定的行政程序来实现既定目标。这种理论的产生是与当时的工业化带来的分工协作和生产力相适应的。

但是，伴随着社会生产力的发展，20 世纪 70 年代，经济发展速度借助信息技术的发展呈现快速推进趋势，西方国家的社会、经济、政治等都发生了较大变化，进入后工业化时代，社会公众的价值观也更加多元化，经济发展趋于全球化，公众的参与意识和民主意识逐渐提升并得到保护。与此同时，传统政府管理体制已经不再适应生产力发展的需求，逐渐僵化，高成本和低效率并存成为阻碍当时西方国家社会经济发展的重要原因。政府开支过大、财政资金使用效率低下、政府部门工作效率不高、公众对政府的不满情绪高涨等，成为新公共管理学产生的时代背景。针对这种情况，20 世纪 80 年代一批学者开始探讨应对之策，在学界掀起了著名的"改造政府运动"。

新公共管理理论正是在这种情形下逐渐成形并发展起来的。总体而言，新公共管理理论主要有以下几种观点：首先，新公共管理理论认为社会之所以能够不断进步，一个非常重要的原因在于生产力的持续增长。生产力的不断增长，调整了相应的生产关系，由此社会不断向前推进。其次，生产力能够不断增长的重要原因在于新技术的不断应用，这种新技术既有信息技术，又有组织技术和生产技术的迭代更新。最后，新公共管理理论认为管理具有重要作用，在推进社会进步和生产力发展的过程中扮演着至关重要的角色。由于其具有独立和特殊的组织功能，因此在计划制定、执行过程中都将发挥关键作用。由此可见，新公共管理理论代表了新的生产力需求，适应了当时社会经济发展的需要，代表了公共管理正在从普通理论向一般管理哲学过渡。也就是说，新公共管理理论着重管理的重要性，政府部门效率不高、财政资金产出率低的重要原因在于政府部门的管理出现了问题。政府部门在政策的制定和执行过程中，本身具有得天独厚的管理功能，面对一些管理困境，自然应该用更加合理的管理方式加以修正。如果从管理学的视角来看，新公共管理学是实现政府部门的企业化管理，其更加主张用企业管理的理念和模式对公共服务和公共产品的提供者即政府加以改造，通过引入必要的市场竞争机制，引导政府在公共管理中的绩效导向，实现政府公共管理部门的工作效率和资金配置效率的提高。

奥斯本和普拉斯特里克在其著作《再造政府：政府改革的五项战略》（*The Five Strategies for Reinventing Government*）中提出了用于再造政府的五项战略，其中排在第一位的就是绩效预算管理。这是以结果为导向，通过引入结果导向、分权机制、责任制和激励手段，力图从根本上解决传统公共管理的核心问题。这种以结果为导向判定政府绩效的管理理念随即在西方国家普遍兴起并得到广泛传播，各国为了提高公共资源利用效率，也开始对传统财政过程管理加以修正，开展绩效管理工作，更加关注政府对财政资金效率的控制，并且将绩效考核结果与预算资金的分配相结合，更加关注财政资金的使用效率，倒逼了政府预算改革。在这一轮的预算绩效改革过程中，以部门编制为基础，并实行全过程管理，对预算绩效管理实现了微观延伸，使政府财政资金得到更加充分、合理的应用，进而提高了资金使用效率。

基于以上分析，新公共管理理论对于当前预算绩效改革工作具有很重要的参考价值，也进一步明确了绩效改革的方向。该理论认为，政府职能的转变能够为政府推进预算绩效管理提供先期条件，由于改变了传统行政管理理论对于公众感知的忽略，新公共管理理论更加关注公众对政府财政资金的使用诉求，以及社会公众对财政资金的管理，使政府追求公众的满意度，进而使政府不得不进一步提高工作效率。这种对政府和公众关系的全新理解为预算绩效管理改革奠定了坚实的基础。同时，由于新公共管理理论更加关注结果导向和产出导向，这也就为预算绩效管理改革的方向提供了很好的引导。任何资金的获取和使用都要在监督之下展开，最终的目的在于实现财政资金使用效率的最大化，以最大限度满足公众对公共服务和公共产品的需求。这种理念的提出与预算绩效管理的宗旨是相符的，也是目前预算绩效管理的根本任务。此外，新公共管理理论也提出了分管管理的理念，这也促进了绩效考评制度的发展，激发了政府部门的灵活性和创造性，使政府更加完善了部门管理，实现了多层级政府之间的相互监督。

| 第三章 |

我国预算绩效管理法律
法规政策梳理

依法治国是我国社会主义现代化建设的根本保证，更是不断提升国家治理体系和治理能力现代化水平的制度保障。只有坚持依法治国，才能够保证我国各项事业顺利有序开展。全面推进预算绩效管理工作，规范预算绩效目标管理，是全面推进依法治国方略的具体表征，具有重要作用。本章从阐述我国推行预算绩效改革的重要性开始，论述了我国预算绩效管理政策的发展历程；在此背景下，进一步梳理了历次《预算法》对预算绩效管理的规定；继而将我国水利部门预算绩效管理工作划分为预算绩效管理探索阶段（2002~2008年）、全过程绩效管理阶段（2009~2012年）和全面实施预算绩效管理阶段（2013年以来）三个阶段，并分目标管理、运行监控和绩效评价三个门类对现有重要水利预算绩效管理政策进行了梳理，理顺了我国水利部门预算绩效管理政策体系。

第一节　我国全面实施预算绩效管理的政策沿革

我国自20世纪90年代末和21世纪初开始实施预算绩效管理，经过20多年的发展，已经逐渐形成较为完善的预算绩效管理体系，无论是国家高层还是各部门都已经研究制定了相应的政策发展体系，保障了我国预算绩效管理顺利开展。本书将我国预算绩效管理政策发展历程划分为三个阶段，即预算绩效管理的萌芽阶段、全过程预算绩效管理阶段和预算绩效管理的推进阶段，并以重要的时间节点和具有代表性的政策法规为依据，从宏观层面理顺了我国预算绩效管理的政策体系。

一、预算绩效管理的萌芽阶段（20 世纪 90 年代末至 2009 年）

改革开放 40 多年以来，我国社会经济取得了巨大成就，国家综合实力也有了显著提升，国际影响力逐渐扩大。但是，必须要看到的是，我国财政资金运行体系与经济高质量发展的需求相比仍然面临着诸多困境，比如财政资金支出透明度低、资金监管弱、资金使用效率差等。同时，20 世纪 80 年代以来，"新公共管理运动"的影响日益显著，"绩效管理"的概念被公共部门广泛应用，逐渐成为一种新型的政府治理模式。为了更好地规划我国财政资金支出安排，20 世纪 90 年代开始，不仅是我国，西方国家也逐渐提升了对"预算绩效"的认识，并开始了政府预算绩效管理的改革。我国通过实施部门预算绩效管理，实现了国库集中管理资金、政府采购制度相结合的方式，"收支两条线"和分类管理，逐渐完善了我国绩效管理体系。

本阶段可以说是我国预算绩效管理的试点（湖北省恩施土家族苗族自治州）阶段，在先期摸索中，也逐步形成了典型经验。其中，最为典型的是 2003 年在党的十六届三中全会上通过的《中共中央关于完善社会主义市场经济体制若干问题的决定》，该文件明确提出要"建立预算绩效评价体系"，由此正式拉开了我国政府预算绩效管理的序幕。

2005 年 5 月，财政部印发的《中央部门预算支出绩效考评管理办法（试行）》（财预〔2005〕86 号）虽然只针对中央部门，范围有限，但却是我国预算绩效管理改革的重要一环，标志着我国预算绩效评价制度体系建设的重大突破。2009 年 6 月，财政部发布的《中央部门预算支出绩效考评管理办法（试行）》（财预〔2005〕86 号）中提出了"一上"确定绩效评价项目、事前填报绩效目标、事后进行绩效自评和绩效评价、对评价结果进行应用的评价程序，并一直沿用至今，目前绝大部分中央部门的绩效评价工作依然按照此程序进行。

总体而言，在预算绩效管理的萌芽阶段，我国预算绩效管理工作由试点到全面开展，从制度规范到逐渐成熟，为完善预算绩效评价工作奠定了坚实的基础。特别是财政部先后发布的财预〔2009〕76号文、财预〔2009〕390号文等文件，已经形成了很好的规范体系，并且逐步确立了绩效评价理念，各部门的财政资金使用效率以及绩效意识均有提高①（见表3-1）。

表3-1　预算绩效管理萌芽阶段政策

年份	部门	文件	主要内容
2000	湖北省财政厅	《预算支出绩效评价试点》	湖北省财政厅在恩施土家族苗族自治州选取5个行政事业单位进行评价试点，开始了我国真正意义上的预算支出绩效评价
2001	财政部	《中央部门项目支出预算管理试行办法》（财预〔2001〕331号）	提出对中央部门年度预算安排的项目实行绩效考评制度，并将项目完成情况和绩效考评结果作为以后年度审批项目立项的参考依据
2002	财政部	《中央本级基本支出预算管理办法（试行）》（财预〔2002〕355号）	强调要对财政预算项目的实施过程及完成结果进行绩效考评
2003	党的十六届三中全会	《中共中央关于完善社会主义市场经济体制若干问题的决定》	将"建立预算绩效评价体系"确定为我国财政预算改革的核心内容
2004	财政部	《中央经济建设部门部门预算绩效考评管理办法（试行）》（财建〔2004〕354号）	由财政部负责，确立科学方法对中央预算部门运用财政资金进行综合评价
		《关于开展中央政府投资项目预算绩效评价工作的指导意见》（财建〔2004〕729号）	建立包括社会效益、财务效益在内的10个方面的中央政府投资项目预算绩效参考评价指标体系

---

① 成璇璇.中国预算绩效管理发展探析［J］.法制与社会，2019（23）：163-165.

续表

年份	部门	文件	主要内容
2005	财政部	《中央部门预算支出绩效考评管理办法（试行）》（财预〔2005〕86号）	提出以绩效考评的内容、方法、指标、组织管理、工作程序以及结果应用为核心，开展预算支出绩效评价。但该文件仅限于中央部门，是我国预算绩效评价制度体系的重大突破
		《中央级教科文部门项目绩效考评管理办法》（财教〔2005〕149号）	配合预算支出绩效管理意见，对纳入中央部门预算管理的教科文部门专项资金项目情况进行综合性考核与评价
		《缓解县乡财政困难工作绩效评价暂行办法》（财预〔2005〕459号）	中央对地方预算绩效管理的实践探索，目的是建立中央财政对地方缓解县乡财政困难的绩效评价制度
2006	国资委	《中央企业综合绩效评价管理暂行办法》（国资委令第14号）	规范企业综合绩效评价工作，建立综合评价指标体系，对企业特定经营期间的各方面进行综合评价
2008	财政部	《国际金融组织贷款项目绩效评价管理暂行办法》（财际〔2008〕48号）	建立国际金融组织贷款项目监测与评价体系，规范金融企业绩效评价工作，是我国预算绩效管理在金融业上的探索
2009	财政部	《财政支出绩效评价管理暂行办法》（财预〔2009〕76号）	初步明确评价对象、内容、绩效目标、绩效评价指标、评价标准和方法、绩效评价的组织管理和工作程序、绩效报告和绩效评价报告、绩效评价结果及其应用等
		《财政部关于进一步推进中央部门预算项目支出绩效评价试点工作的通知》（财预〔2009〕390号）	明确绩效评价各方职责、绩效评价工作程序、绩效评价内容体系、绩效评价文本、绩效评价结果公开等内容

二、全过程预算绩效管理阶段（2010~2016年）

2010~2016年是我国探索全过程预算绩效管理阶段。2011年的全国预算绩效管理工作会议首次提出预算编制、执行和监督整个过程都贯穿绩效管理的理念，即全过程预算绩效管理理念①。随后，财政部发布财预〔2011〕416号文，要求建立全过程预算绩效管理机制，这标志着完整意义上的预算绩效管理理念得以正式确立。2012~2016年，财政部相继印发财预〔2012〕396号文、财预〔2013〕53号文、财预〔2016〕177号文等，从未来工作规划、共性指标体系、激励机制等方面不断完善政府绩效评价顶层设计。尤其是2015年6月，财政部发布的《中央部门预算绩效目标管理办法》（财预〔2015〕88号）将绩效目标分为基本支出、项目支出和部门整体支出三类，对绩效目标的设定、审核、应用做出详细规定，以促进绩效目标和预算执行、绩效评价的融合。这表明，全过程预算绩效管理机制各环节不再孤立，开始相互联结。该文件被认为是将绩效目标管理纳入全过程预算管理机制后进行模块化管理的开端（见表3-2）。

表3-2 全过程预算绩效管理阶段政策

年份	部门	文件	主要内容
2011	财政部	《财政支出绩效评价管理暂行办法》（财预〔2011〕285号）	细化了绩效评价的对象和内容、绩效目标、绩效评价指标、评价标准和方法、评价整治管理和工作程序、绩效报告和绩效评价报告、评价结果及应用
		《财政部关于推进预算绩效管理的指导意见》（财预〔2011〕416号）	建立规范的预算绩效管理工作流程，健全预算绩效管理运行机制，强化全过程预算绩效管理
2012	财政部	《预算绩效管理工作规划（2012—2015年）》（财预〔2012〕396号）	预算绩效管理着重围绕建立机制、完善体系、健全智库、实施工程等重点工作来推进

---

① 伍玥. 我国绩效预算改革研究［D］. 中国财政科学研究院硕士学位论文，2017.

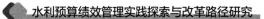

续表

年份	部门	文件	主要内容
2013	财政部	《预算绩效评价共性指标体系框架》（财预〔2013〕53号）	该文件作为设置具体共性指标时的指导和参考
		《县级财政支出管理绩效综合评价方案》（财预〔2013〕87号）	明确了县级财政绩效评价基本行为规范
2014	财政部	《地方财政管理绩效综合评价方案》（财预〔2014〕45号）	每年对36个省、直辖市、自治区、计划单列市的财政管理情况进行综合评价，具体包括实施透明预算、规范预算编制、优化收支结构、盘活存量资金、加强债务管理、完善省以下财政体制、落实"约法三章"、严肃财经纪律八个方面，评价结果作为相关转移支付支配的重要参考依据
	国务院	《国务院关于深化预算管理制度改革的决定》（国发〔2014〕45号）	提出要健全预算绩效管理机制。全面推进预算绩效管理工作，强化支出责任和效率意识，逐步将绩效管理范围覆盖各级预算单位和所有财政资金，将绩效评价重点由项目支出拓展到部门整体支出和政策、制度、管理等方面，加强绩效评价结果应用
2015	财政部	《财政部关于推进中央部门中期财政规划管理的意见》（财预〔2015〕43号）	中央部门一般公共预算和政府性基金预算在填报绩效目标时，需同时填报年度绩效目标和中期绩效目标
		《中央部门预算绩效目标管理办法》（财预〔2015〕88号）	将绩效目标分为基本支出、项目支出和部门整体支出三类，对绩效目标的设定、审核、应用做出详细规定，以促进绩效目标和预算执行、绩效评价的融合，这表明全过程预算绩效管理机制各环节不再孤立，开始相互联结

续表

年份	部门	文件	主要内容
2016	财政部	《关于开展 2016 年度中央部门项目支出绩效目标执行监控试点工作的通知》（财办预〔2016〕85 号）	选择教育部、国土资源部、工业和信息化部、水利部等 15 个中央部门的部分项目开展项目支出绩效目标执行监控试点，以一级项目为对象，对项目绩效目标的完成程度及趋势进行监控，对绩效目标的偏离予以警示，对预计年底不能完成绩效目标的原因及拟采取的改进措施进行说明
		《财政管理绩效考核与激励暂行办法》（财预〔2016〕177 号）	推进预算绩效考核激励机制的完善，指出考核内容主要是地方财政管理工作完成情况，具体包括预算执行进度、收入质量、盘活财政存量资金、国库库款管理、地方政府债务管理、预算公开、推进财政资金统筹使用 7 个方面

三、预算绩效管理全面推进阶段（2017 年至今）

2017 年至今是我国全面实施预算绩效管理推进阶段。2017 年，党的十九大正式提出"建立全面规范透明、标准科学、约束有力的预算制度，全面实施绩效管理"的要求。这为我国预算绩效管理的深化改革指明了方向。2018 年，中共中央、国务院印发《中共中央　国务院关于全面实施预算绩效管理的意见》，要求用 3~5 年建成全方位、全过程、全覆盖的预算绩效管理体系，实现预算和绩效管理一体化。同年 9 月，《中共中央　国务院关于全面实施预算绩效管理的意见》正式发布，我国步入了全面实施预算绩效管理的新时代。

在本阶段，我国预算绩效管理工作逐步深化，各项政策措施不断得到健全，预算绩效管理工作也不断通过创新方式方法，实现了全过程预算绩效管理，特别是在某些领域实现了突破，比如政府性基金预算、社会保险基金预算等领域实现了全覆盖，为推进新发展阶段我国预算绩效管理工作奠定了坚实基础（见表3-3）。

表3-3 预算绩效管理的推进阶段政策

年份	部门	文件	主要内容
2017	财政部、环境保护部	《水污染防治专项资金绩效评价办法》（财建〔2017〕32号）	强化水污染防治专项资金管理，以提高资金使用的规范性、安全性和有效性
	财政部、原国务院扶贫办公室	《财政专项扶贫资金绩效评价办法》（财农〔2017〕115号）	开展财政专项扶贫资金绩效目标管理工作，探索经验，并结合实际逐步推进
	党的十九大	《决胜全面建成小康社会 夺取新时代中国特色社会主义伟大胜利——在中国共产党第十九次全国代表大会上的报告》	要加快建立现代财政制度，建立权责清晰、财力协调、趋于均衡的中央和地方财政关系。建立全面规范透明、标准科学、约束有力的预算制度，全面实施绩效管理
2018	中共中央、国务院	《关于全面实施预算绩效管理的意见》	要在3~5年时间内基本建成全方位、全过程、全覆盖的预算绩效管理体系，实现预算和绩效管理一体化
	财政部	《关于贯彻落实〈中共中央 国务院关于全面实施预算绩效管理的意见〉的通知》（财预〔2018〕167号）	提出全面实施预算绩效管理的路径与总体目标，即到2020年底，中央部门和省级层面要基本建成全方位、全过程、全覆盖的预算绩效管理体系，到2022年底，市县层面要基本建成全方位、全过程、全覆盖的预算绩效管理体系，做到"花钱必问效、无效必问责"，大幅度提升预算管理水平和政策实施效果
2019	财政部	《中央部门预算绩效运行监控管理暂行办法》（财预〔2019〕136号）	对绩效目标实现程度和预算执行进度实行"双监控"，发现问题要及时纠正，确保绩效目标如期保质保量实现
2020	财政部	《项目支出绩效评价管理办法》（财预〔2020〕10号）	指出政府和社会资本合作（PPP）项目绩效评价可参照执行
	国务院	《中华人民共和国预算法实施条例》（国务院令第729号）	细化预算绩效管理要求，强化预算绩效管理制度，强化预算绩效管理结果应用，明确各部门职责

续表

年份	部门	文件	主要内容
2021	财政部	《关于委托第三方机构参与预算绩效管理的指导意见》（财预〔2021〕6号）	委托第三方机构开展绩效管理，聚焦贯彻落实党中央、国务院重大决策部署和本部门主体职责的政策和项目
	国务院	《国务院关于进一步深化预算管理制度改革的意见》（国发〔2021〕5号）	推动预算绩效管理提质增效。将落实党中央、国务院重大决策部署作为预算绩效管理重点，加强财政政策评估评价
	财政部	《第三方机构预算绩效评价业务监督管理暂行办法》（财监〔2021〕4号）	引导和规范第三方机构参与预算绩效评价，切实提高绩效评价执业质量和水平
		《地方政府专项债券项目资金绩效管理办法》（财预〔2021〕61号）	以专项债券支持项目为对象，通过事前绩效评估、绩效目标管理、绩效运行监控、绩效评价管理、评价结果应用等环节，推动提升债券资金配置效率和使用效益
		《中央部门项目支出核心绩效目标和指标设置及取值指引（试行）》（财预〔2021〕101号）	设置绩效目标遵循确定项目总目标并逐步分解的方式，确保不同层级的绩效目标和指标相互衔接、协调配套

第二节　《预算法》及对预算绩效管理的规定

一、《预算法》的重要性

《预算法》被冠以"财政宪法"的称谓，在国家政治、经济、社会生活中扮演着重要的角色。该法作为我国财政领域的基本法律，对于规范各项财政资金使用具有指导性作用，更丰富了我国的法律体系。作为指导我国财政资金使用的行业最高法，《预算法》的实施对于加快构建全面规范、公开透明的现代预算制度发挥了重要作用，特别是对于推进我国宏观经济调控和稳步推进社会经济各项事业发展尤为关键。从其立法宗旨来看，《预算法》全面深化了我国依法治国的理念，强调了预算对于提高财政资金利用效率的重要性，更加规范了我国各级政府对于财政资金的使用，加大了政府对社会经济发展的调控力度。

（一）《预算法》的修订历程

其实早在中华人民共和国成立初期，我国就已经开始探索如何实现财政资金的使用效率最大化，以 1949 年《中国人民政治协商会议共同纲领》和《中华人民共和国中央人民政府组织法》最为典型，其中已经明确提出了"批准或修改国家的预算和决算"，这是我国预算审查监督制度的起点，体现出我国在中华人民共和国成立初期就已经形成了对财政资金进行预算管理的思想，这是难能可贵的。1949～1953 年，我国一直实行的是中央人民政府委员会行使预算审查监督职责。这种情况一直延续到 1954 年，《中华人民共和国宪法》规定，全国人民代表大会制度正式成立，"审查和批准国家的预算和决算"职权也正式由中央人民政府委员会过渡到全国人民代表大会，并一直延续至今，有效保障了财政资金预算的科学性。

随着时代的发展，为了更加规范我国财政管理，约束财政收支行为，我国在 20 世纪末期开始构建《预算法》。1994 年 3 月 22 日，第八届全国人民代表大会第二次会议通过了《中华人民共和国预算法》，并于 1995 年 1 月 1 日开始施行。这是我国第一部有关财政收支的法律法规，对于构建更加透明的预算制度、保障社会经济健康有序发展发挥了积极作用。在该版《预算法》中明确提出，国家实行一级政府一级预算，设立中央，省、自治区、直辖市，设区的市、自治州，县、自治县、不设区的市、市辖区，乡、民族乡、镇五级预算。并要求各级政府、各部门、各有关单位应当对预算支出情况开展绩效评价。这为后来的预算绩效管理提供了法律依据，也为后期不断调整预算绩效管理提供了参考。

1995 年 11 月 22 日，国务院第三十七次常务会议审议通过了《中华人民共和国预算法实施条例》（以下简称《实施条例》）。该条例对 1994 年

《预算法》进行了详细阐释，并从预算收支范围、预算编制、预算执行、预算调整、决算等环节对各级政府的预算行为进行了清晰界定。此版《实施条例》在规范预算管理、增强预算编制和执行的科学性、深化分税制改革等方面发挥了重要作用。

2007 年 1 月 17 日，国务院第 165 次常务会议审议并通过了《中华人民共和国政府信息公开条例》（以下简称《公开条例》），其中第十条要求县级以上各级人民政府及其部门应当在各自职责范围内确定主动公开的政府信息的具体内容，并重点公开 11 项政府信息。其中第四项即为"财政预算、决算报告"，也正是这款《公开条例》要求了政府公开预算和决算报告信息。此后的 2010 年，我国首次推进部门预算公开，各部门相继公开了部门预算。

2011 年 12 月 26 日，时任财政部部长谢旭人在第十一届全国人民代表大会常务委员会第二十四次会议上提交了关于《中华人民共和国预算法修正案（草案）》的说明，指出现行《预算法》已经不能完全适应社会主义市场经济体制和公共财政体制发展的新要求，有必要修改完善，并从增强预算完整性、科学性和透明度，健全财政管理体制，规范财政转移支付制度，强化政府债务管理，增强预算执行的规范性，完善预算审查监督的规定和规范预算调整七个方面进行了说明。2012 年 6 月，《预算法修正案（草案）》提交全国人大常委会第二十七次会议审议，并随后通过中国人大网向社会公开征求意见，共有 1.9 万人提出了 33 万条意见，其中有 3.4 万条具体修改意见。

2014 年 8 月 31 日，第十二届全国人大第十次会议表决通过了《全国人大常委会关于修改〈中华人民共和国预算法〉的决定》，并决议于 2015 年 1 月 1 日起施行。新修改的《预算法》全面贯彻了党的十八大和十八届三中全会精神，与此前中央批准的财税体制改革总体方案相衔接，比较好地回应了各级人大代表的要求和社会各界的关切，在立法宗旨和调整范围、预决算原则方面取得了重大突破，在全口径预决算、地方政府债务、转移支付、预算公开方面进行了诸多创新，在预决算编制、审查和批准、执行和调整、监督和法律责任方面也有许多完善。

2020 年 8 月 3 日，《中华人民共和国预算法实施条例》（以下简称《实施条例》）明确提出，要根据设定的绩效目标，依据规范的程序，对预算资金的投入、使用过程、产出与效果进行系统和客观的评价。绩效评价结果应当按照规定作为改进管理和编制以后年度预算的依据。此版的《实施条例》修订主要坚持以下三个原则：一是体现深化财税体制改革的成果，将《预算法》实施后出台的国务院关于深化预算管理制度改革等有关规定法治化；二是细化明确《预算法》有关规定，对授权国务院规定的事项做出具体规定；三是满足预算管理实际需要，根据近年来的实践对预算收支范围、转移支付、地方政府债务等事项做出相应规定。

（二）新《预算法》的时代价值

新《预算法》是党的十八大以来，党中央针对预算编制和财政工作出台的重要法律文件，对于提高我国财政资金运用效率，以及提升财政治理水平都具有划时代的意义。

首先，新《预算法》的修订是践行依法治国理念的深入体现。法治是任何国家最佳的治国理政方式，依法治国是我国坚持和发展中国特色社会主义的本质要求，更是体现人民意志和社会经济发展规律的重要依据。中华人民共和国成立以来，我们党一直在不断探索法治国家的道路和途径，并不断优化和调整，以适应逐渐发展和变化着的社会经济现状。早在 1954 年《中华人民共和国宪法》诞生，就已经开启了建设社会主义法治国家的探索之路，一直到 1978 年党的十一届三中全会提出要加强社会主义法制建设，做到"有法可依、有法必依、执法必严、违法必究"，再到 1997 年党的十五大正式提出"依法治国"的基本方略，以及 1999 年将"建设社会主义法治国家"载入《宪法》，都体现了我们党在探索依法治国的前期工作中做出的不懈努力。直到 2011 年中国特色社会主义法律体系基本形成，特别是党的十八大以来，以习近平同志为核心的党中央高度重视依法治国。2013 年首次提出"法治中国"的建设目标。2014 年，党的十八届四中全会通过的《中共中央关于全面推进依法治国若干重大问题的决定》明确提出，全面推进依法治国是关系我们党执政兴国、关系人民幸福安康、关系党和国家长治久安的重大战略问题，是完善和发展中国特色社会主义制度、推进国家治理体系和治理能力现代化的重要方面。《预算法》是我国财政法规体系的基本法，任何与财政相关的法律法规都需要以《预算法》为前提，进行细化。新《预算法》的修订，既是对既往相关法律的完善，更是对未来财政工作的重要指导，是践行依法治国理念的实践。

其次，新《预算法》的修订是提升国家治理体系和治理能力现代化水平的要求。现代化是每个国家都在追求的重要目标，更是一个国家在社会、经济、政治、文化、生态等各个领域的重大变革。党的十八大以来，习近平总书记谋划经济建设、政治建设、文化建设、社会建设和生态建设"五位一体"总体布局，依次推进社会主义现代化。党的十八届三中全会更是提出了"国家治理体系和治理能力现代化"，这是对我国未来一段时期内国家治理道路的明确指向，对于推进我国各项工作开展具有重要作用。要全面深化改革，就必须要逐渐转变以往的政府治理方式和方法，以更加有效地匹配现代化发展的要求。新《预算法》的修订是新发展阶段我国预算管理工作的总方针，更是国家治理体系和治理能力现代化的重点工作之一，通过实现"一本账"到"四本账"范围的转变，更加规范了我国预算管理工作中的环节，更加追求财政资金使用效率的最大化。这些规定的完善和制度的健全，为构建新时期现代预算制度、提升预算能力、提高预算执行效率发挥了至关重要的作用，更能够推动国家治理体系和治理能力现代化。

最后，新《预算法》的修订对于增强地方财政可持续发展能力具有重要作用。财政可持续性是财政稳定运行、防范化解重大风险的重要保障，积极财政政策的实施也需要财政可持续性作为支撑。1994 年《预算法》的颁布具有较为浓厚的时代背景，尽管以法律形式肯定了分税制的改革成果，奠定了当前我国现代预算制度的基础框架，具有一定的创新性，但是伴随着国际国内社会经济的变化，以及现代公共财政体制的逐步建立，公众对于预算管理工作的监督要求越来越迫切，《预算法》已经不再适应形势发展的需要。而且党的十八大和党的十八届三中全会确立的全面深化改革的总体目标指出财政是国家治理的重要支柱，提出要完善立法、建立

"全面规范、公开透明"的现代公共财政制度。在此背景下，新《预算法》的修订适应了新形势的要求，满足了公众的迫切期待。具体而言，新《预算法》可谓对《预算法》做出了较大幅度的调整，从整体条文数量来看，由原来的79条增加到101条，适应了新时期更为复杂的预算情形，并对《预算法》原有条目修改了80余处，更加完善了现行法律，健全了预算体系。新《预算法》仅有25条条文未做出修改。当下，我国社会经济发展进入新常态，经济下行压力持续加大，再加上新冠肺炎疫情带来的各行各业发展的短暂不景气，各地财政压力较大，财政收支矛盾更加凸显，如何实现地方财政可持续发展是对地方政府的极大考验。新《预算法》的修订适应了当前社会发展情形，为应对国际国内形势，实现财政可持续发展提供了坚强保障。

二、历次《预算法》对预算绩效管理的规定

通过查阅"国家法律法规数据库"，全国人大和国务院针对我国预算管理出台的法律法规共两份。第一份是《中华人民共和国预算法》，该文件于1994年3月22日经第八届全国人民代表大会第二次会议通过，在2014年8月31日第十二届全国人民代表大会常务委员会第十次会议《关于修改〈中华人民共和国预算法〉的决定》第一次修正，后经2018年12月29日第十三届全国人民代表大会常务委员会第七次会议《关于修改〈中华人民共和国产品质量法〉等五部法律的决定》第二次修正。在这三份文件中，1994年的《预算法》并没有直接表述预算绩效管理，但是也蕴含了很多内容。如第六十九条要求"各级政府应当在每一预算年度内至少二次向本级人民代表大会或者其常务委员会作预算执行情况的报告"。第七十条要求"各级政府监督下级政府的预算执行；下级政府应当定期向上一级政府报告预算执行情况"。2014年的《预算法》则是第一次以法律形式确定了财政预算绩效管理的要求，也标志着我国预算绩效管理工作由传统预算向预算绩效管理转变。预算绩效管理也并非独立于一个环节，而是在预算编制、预算执行、预算监督等各个环节都加以强化，真正实现了各

环节监管，真正提高了财政资金使用效率。2014 年的《预算法》多次提及"绩效""预算绩效"等内容，体现了厉行节约、反对浪费的要求，确定了统筹兼顾、勤俭节约、量力而行、讲求绩效和收支平衡的一般公共预算支出编制原则（第十二条第（一）款、第三十五条第（一）款、第三十七条第（三）款）。2018 年的《预算法》只是将第八十八条中的"监督检查本级各部门及其所属各单位预算的编制、执行"修改为"监督本级各部门及其所属各单位预算管理有关工作"，并未对预算绩效管理做出调整。

第二份是《中华人民共和国预算法实施条例》（以下简称《实施条例》），该文件 1995 年 11 月 2 日经国务院第三十七次常务会议通过，是对 1994 年《预算法》内容的深化。其中也有部分涉及预算绩效管理的内容，如第三十三条的政府财政部门负责预算执行的具体工作任务之一就是"根据年度支出预算和季度用款计划，合理调度、拨付预算资金，监督检查各部门、各单位管好用好预算资金，节减开支，提高效率"。该文件对绩效管理的很多细节做出了进一步的细化，很好地将预算与绩效管理做了融合。具体而言，首先使预算绩效管理制度更加细化。此次《实施条例》规定，预算执行中政府财政部门组织和指导预算资金绩效监控和绩效评价。其次，此次《实施条例》更加关注了绩效结果的应用。预算绩效评价结果的合理使用，能够为继续完善预算绩效管理提供有力支撑。此次《实施条例》规定了对评估后的专项转移支付，并作为编制第二年度预算的依据，这些规定的完善为更好推进绩效管理工作发挥了重要作用。最后，此次《实施条例》更加明确了各级政府财政部门的职责。明确各级政府财政部门有权监督本级和下属各单位的预算管理工作，这里的工作不仅包含预算编制，还包含了预算执行和绩效考评等各环节。

第三节 水利部预算绩效管理政策

回顾水利预算绩效管理发展历程，不难看出，尽管自 2002 年以来我国水利部门预算绩效管理工作走在了前列，但是与社会经济发展要求、与水利高质量发展需要仍有很大差距。在接近 20 年的时间里，水利部门的预算绩效管理工作在不断摸索中前进，在不断前进中创新。

一、发展沿革

本书将水利预算绩效管理划分为三个阶段，分别是预算绩效管理探索阶段、全过程绩效管理阶段和全面实施预算绩效管理阶段，并通过具有特殊时间节点的政策法规为分界点，以期更加明晰水利预算绩效管理发展历程。

（一）预算绩效管理探索阶段（2002~2008 年）

2002 年 6 月 19 日，财政部印发的《中央本级项目支出预算管理办法（试行）》（财预〔2002〕356 号）中明确提出，为进一步深化预算改革，规范和加强中央级行政事业单位项目支出预算管理，提高资金使用效益，保障行政事业单位正常运转的资金需要，按照逐步实施的原则，在确定试点的中央级行政事业单位实施。在该文件的指导下，水利部成为首批试点单位，承担了预算绩效管理的探索工作。其中最为引人注目的是"水文经费项目"预算绩效管理工作，该项目由于实现了较大突破和很好的创新，在全国预算绩效管理试点中产生了较大反响。

2004 年，针对水利系统部分项目资金支付管理中存在的问题，水利部切实提高了预算绩效管理工作的实用性，更加尊重水利部门的实际情况，进一步完善了各项预算绩效管理保障规定，有效保障了各项水利事业预算绩效管理工作的顺利开展。该年度，水利部预算绩效管理工作真正对预算项目实现了"事前、事中、事后"的有效监管，保证了水利预算资金使用效率的大幅提升。

2005 年，水利部针对实际中陆续出现的问题和困境，开始了预算绩效管理工作的理论探索，依据《中央部门预算支出绩效考评管理办法（试行）》中的相关规定，下发了《关于进一步加强预算项目成果管理和绩效评价的通知》。该文件更加适合水利系统的预算绩效管理工作，建立了以"统一组织、分级实施"为原则的预算绩效管理模式，在此基础上，水利部预算绩效管理工作更加关注了项目储备专家评审、实施方案年度审核和项目完工综合验收等制度。

2006年，水利部为了更好地将预算绩效管理工作推向实际，将理论有效运用到实际工作中，开展了《水利部直属预算单位行政事业类项目绩效考评指标体系》的专题研讨。通过专题研讨，会议达成了基本共识，即具有水利行业普遍指导价值的水利绩效评价指标体系，进一步完善了水利部门预算绩效管理事项。

（二）全过程绩效管理阶段（2009～2012年）

2009年开始，水利事业预算绩效管理工作开始逐步向全过程绩效管理工作过渡，开启了全新的预算绩效管理阶段。2012年，水利部党组根据财政部出台的相关文件和水利事业的实际情况，将"水利绩效管理体系建设研究"作为全面推进水利事业预算绩效管理工作的重头戏来抓，并成立了重大研究课题进行集中攻关，继续开展水利预算绩效管理的理论研究工作。同年9月，财政部印发《预算绩效管理工作规划（2012—2015年）》，这是指导该阶段我国预算绩效管理工作的指南。在该文件中，财政部系统梳理了当时我国预算绩效管理工作面临的形势，提出了到2015年，预算绩效管理的几项重点工作，如建立机制、完善体系等。在此基础上，水利部成立了部级预算管理领导小组，用于研究新形势下水利事业预算绩效管理工作，并由分管财务工作的水利部副部长担当该领导小组组长，这在同时期其他部门中属于较高规格配置。在此期间，水利部门还根据实际工作中出现的问题，印发了《水利部预算项目储备管理暂行办法》（以下简称《办法》），《办法》要求所有申报水利部部门预算的项目应该在预算编制年度前一年完成项目立项必要性、可行性等方面的论证储备入库。

综上所述，在本阶段，水利部门预算绩效管理工作逐步实现了全流程绩效管理，预算管理工作步骤更加完善，相关法规制度更加健全，实现了由以往的事后评价到全过程绩效评价的转变，工作重点也逐渐转移到研究确定绩效评价指标上来，在评价方式上由自评和专家评价相结合的方式取代了以往的单一专家评价方式，评价结果也逐渐得到重视，用于改进下一阶段的预算管理工作。通过一系列的预算绩效工作改善，各环节得到了很好的重视，各级部门对于预算绩效管理的认知也得到了很大提升，本级部门及所属部门的预算绩效管理工作更加规范化和科学化，增强了预算绩效管理的严肃性，进而提高了财政资金的使用效率。但不可否认的是，面对更加严峻的现实挑战，水利预算绩效管理工作在制度建设和基础条件等方面仍然存在诸多问题亟待解决。

（三）全面实施预算绩效管理阶段（2013 年至今）

如果说前期预算绩效管理工作仍处于探索和不断完善的过程中，那么可以说自党的十八大以来，我国预算绩效管理工作正逐步走向成熟，预算绩效管理也逐渐受到各级政府和各部门的重视，对于其作用发挥和资金使用效率的重要性提出了更高质量要求。具体到水利部门预算绩效管理工作而言，2013 年以来，习近平总书记高瞻远瞩，对于新发展阶段水利事业发展提出了更高指示，并发表了一系列重要讲话，做出了一系列重要指示，明确提出"节水优先、空间均衡、系统治理、两手发力"的治水思路，对长江流域、黄河流域等重点流域生态环境建设提出了关键论断，成为新时代水利事业发展的科学指南。这些重要讲话精神为水利预算绩效管理提出了更高、更严格的要求，也为新发展阶段高质量推进水利预算绩效管理工作提出了底线要求。

2013 年，水利部印发了在 2012 年年底颁布实施的《水利部预算项目储备管理暂行办法》《水利部预算执行考核和暂行办法》《水利部预算执行动态监控暂行办法》的实施细则，并且水利部党组研究部署水利预算绩效管理工作，做出了建立具有水利特色的预算绩效管理制度和指标体系的决策，探索出了由各项目单位自评价与第三方中介机构现场复核相结合的工作机制，为进一步探索由第三方中介机构独立开展绩效评价工作积累了经验，有效保证了绩效评价结果的客观性和科学性。

2017 年 4 月，财政部、水利部联合印发《中央财政水利发展资金绩效管理暂行办法》，从绩效目标、绩效监控、绩效评价和结果应用四个方面对水利发展资金绩效管理工作进行了规范，同时明确地方财政、水利部门具体职责分工，要求地方各级财政部门、水利部门按照各自职责，密切协作，全力做好水利发展资金绩效管理工作，推动水利事业高质量发展。

2018 年 9 月 1 日，《中共中央　国务院关于全面实施预算绩效管理的意见》成为新时期指导我国各部门预算绩效管理的重要文件，对于全面推进预算绩效管理制度发挥了引领性作用。文件明确指出，全面实施预算绩效管理工作是推进国家治理体系和治理能力现代化的内在要求，是深化财税体制改革、建立现代财政制度的重要内容，是优化财政资源配置、提升公共服务质量的关键举措。为了更好地推动预算绩效管理工作，该时期我国开展了脱贫攻坚工作，众多文件都对贫困县涉农资金整合、扶贫项目资金等做出了大量的制度保障，其中最为关键和重要的是对这批财政资金开始了预算绩效管理工作。更为直接的是，水利部门印发的《关于进一步加强贫困地区水利建设资金和项目管理有关工作的通知》中，明确提出要加强扶贫资金的绩效管理。为了更好地推进水利事业预算绩效管理工作，2018 年 12 月 25 日，水利部又印发了《水利部关于贯彻落实〈中共中央　国务院关于全面实施预算绩效管理的意见〉的实施意见》，这是对《中共中央　国务院关于全面实施预算绩效管理的意见》的有力回应，也是水利部门对预算绩效管理工作在水利系统落地生根做出的积极应答。该文件明确提出，力争用 3 年左右的时间，形成部党组统一领导，预算绩效管理部门、业务主管部门密切配合，全行业广泛参与的绩效管理格局，并且明确了预算绩效管理工作的时间表和路线图，要求水利事业预算绩效管理工作要由效果管理取代以往的过程管理，更加关注"事前设定绩效目标、事中实施绩效监控、事后进行绩效评价"的全过程绩效管理。这些法规的不断完善，保障了我国水利事业预算绩效管理工作的顺利开展。

2019 年 11 月 29 日，水利部印发《水利部部门预算绩效管理暂行办法》（水财务〔2019〕355 号），更进一步明确了预算绩效管理工作的细节任务，对完善水利部门预算绩效管理工作进行了补充，有效推动了新发展阶段我国水利预算绩效管理工作。

2021 年 3 月，财政部印发《财政部办公厅关于对 2019 年度中央部门预算绩效管理工作考核先进单位给予表扬的通报》（财办预〔2020〕182 号），对年度预算绩效管理先进部门通报表扬，水利部考核结果为"优秀"，再次得到通报表扬。这是对水利部一直以来预算绩效管理工作的充分肯定，主要得益于水利部搭建起的从绩效目标管理、中期监控、全面自评、试点评价、结果反馈应用等方面实施预算绩效全过程管理。

二、分类梳理

在近 20 年的时间里，水利部依据财政部及相关上位法的要求，根据水利事业实际情况及发展现实，先后发布了多项有重要意义和时代价值的政策法规，对于促进我国水利事业发展，推进我国水利预算绩效管理工作做出了重要贡献。上文已经分阶段对水利部有关预算绩效管理的文件进行了梳理，并对典型法规进行了重点说明。本小节将从预算绩效管理的目标管理、运行监控和绩效评价三个方面对现有水利预算绩效管理的法规进行分类梳理，以期更加明晰当前水利预算绩效管理的政策体系。

（一）目标管理

目标管理有助于明确目标，界定责任。各级财政部门实行预算绩效的目标管理，就是以预算绩效目标为对象，对相关绩效管理工作进行明确界定。可以明确的是，预算绩效目标管理是整个预算绩效管理工作的前提条件，只有明确目标任务，才能够保障预算绩效管理工作得到更加有序的发展。从具体内容来看，预算目标管理的内涵更加广泛，不仅涵盖了预算绩效的服务对象、预期产出效果、达到预期所需要的成本等内容，还包括了受益人对预算绩效工作的满意程度。具体来看，预算目标管理主要由产出指标和效益指标构成。

2017年4月18日，财政部和水利部联合印发《中央财政水利发展资金绩效管理暂行办法》（财农〔2017〕30号）。该文件对预算绩效评价工作提出了分级实施的基本原则，要求水利系统及财政系统各部门开展绩效评价工作。在具体工作流程上，要开展部门绩效自评工作，后经同级财政部门通过后，才可以形成资金绩效自评报告和绩效自评表。其中，《中央财政水利发展资金绩效评价指标表》中就包括了项目决策、项目管理、产出指标、效益指标和满意度指标五个一级指标，又涵盖了资金分配、资金到位、资金安全、组织实施、绩效管理、数量指标、质量指标、时效指标、成本指标、经济效益、社会效益、生态效益、可持续影响和服务对象满意度14个二级指标。

2018年3月11日，财政部印发《关于开展2017年度中央对地方专项转移支付绩效目标自评工作的通知》（财预〔2018〕29号）。该文件主要是为了提高中央对地方专项转移支付资金使用效益，切实增强地方主管部门以及资金使用单位的支出责任和效率意识，要求开展2017年度中央对地方专项转移支付绩效目标自评工作。其中，绩效自评的主要内容包括预算执行率、年度总体绩效目标完成情况、各项绩效指标完成情况、未完成原因和改进措施以及形成绩效自评报告。

2019年11月29日，水利部出台《水利部部门预算绩效管理暂行办法的通知》（水财务〔2019〕355号）。该文件指出，水利部部门预算绩效管理是指水利部各司局和二级预算单位，根据指向明确、细化量化、合理可行、相应匹配的要求设定绩效目标，在预算执行过程中开展监控，运用科学、合理的绩效评价指标、评价标准和方法，对部门预算资金支出的经济性、效率性和效益性进行评价，并对评价结果进行有效运用的预算管理活动。部门预算绩效管理按照预算支出范围和内容划分，分为基本支出预算绩效管理、项目支出预算绩效管理和单位整体支出预算绩效管理。文件要求，水利部门预算资金应当按照要求设定绩效目标，绩效目标应当清晰、量化、可行、易考核，并与年度计划、工作任务和预算相匹配。文件针对项目储备阶段、"一上"阶段、"一下"阶段、"二上"阶段等不同环节相应绩效管理工作进行了部署。其中第十六条规定，预算绩效评价的主要内容为：绩效目标设定和分解批复情况；资金投入、分配和使用管理情况；为实现绩效目标采取的措施；绩效目标实现程度及效果；存在问题及原因分析；其他相关内容。

（二）运行监控

水利事业改革发展的任务不论是在当前，还是在未来一段时期内，都比较艰巨，责任也更加重大，财政科学化、精细化、现代化管理对预算执行监控也提出了更加严格的要求。据此，水利部密切跟踪资金流向，加强预算执行全过程管控，利用信息化手段，大力推进资金动态监控和预算执行重点检查，保障资金使用符合国家财经法规和财务管理制度规定。严格按照批复的预算执行，不断强化财经纪律意识，未发现截留、挤占、挪用、虚列支出，以及超过规定标准、范围发放津贴补贴等问题。先后出台《水利部预算项目储备管理暂行办法》、《水利部预算执行考核暂行办法》、《水利部预算执行动态监控暂行办法》、《水利部办公厅关于进一步做好预算执行及动态监控管理有关工作的通知》（办财务〔2020〕85号）等一系列文件加强了对预算的运行监管工作。

1. 政策梳理

2012年10月23日，水利部颁发《水利部预算执行考核暂行办法》（水财务〔2012〕455号）。该文件指出，水利部门预算存在执行主要依靠外部压力，缺乏内在的激励和约束机制；部门预算执行压力大，预算执行序时性、均衡性不够等问题。为进一步加强预算执行管理，提高预算执行科学化、精细化水平，确保预算执行序时、均衡、安全、有效，制定出台此政策。在考评内容中，将预算执行监控机制发现的问题纳入评价体系，予以扣分；在考评结果运用中，对考评结果与各单位部门预算规模和领导干部年度评先评优挂钩。

2012年12月，水利部印发《水利部预算项目储备管理暂行办法》（水财务〔2012〕498 号）。该文件分总则、项目申报、项目审查、项目入库及项目库管理、储备项目预算申请、附则共六章 36 条，适用于水利部对部机关本级及直属预算单位申请列入部门预算项目的储备管理。按照该文件规定和水利部预算管理的相关要求，从各单位开始申报项目到水利部正式报出预算，主要包含以下八个关键环节：一是各单位组织项目论证和申报；二是审查机构进行合规性审查；三是专家对项目立项的必要性和可行性进行评审，审查机构进行经费审核；四是审查机构对各单位项目修改情况进行复核和异议处理；五是部预算管理领导小组审议项目申报与审查情况，项目正式纳入储备；六是各单位从项目库中选取符合要求的项目申请预算；七是财务司对预算申请进行审核，提出水利部预算建议；八是部长办公会审定预算建议，正式上报财政部。

2012 年 12 月，水利部印发《水利部预算执行动态监控暂行办法》（水财务〔2012〕499 号）。该文件分总则、动态监控职责、监控手段和方式、监控内容、监控程序、监控结果运用、附则共七章 24 条，指出动态监控目标是通过完善财务管理信息系统、优化监控手段，逐步实现水利财政资金全覆盖、全过程、全天候监控，提高水利财政资金使用的安全性、规范性和有效性。动态监控遵循全面健康、分级实施、突出重点、查控结合、整改提高和奖惩挂钩的原则。

在此基础上，水利部也制定了《水利部办公厅转发关于〈行政事业单位内部控制规范（试行）〉的通知》（办财务〔2013〕106 号）、《水利部关于认真贯彻实施政府会计准则制度的通知》（水财务〔2018〕215 号）、《水利部办公厅关于印发水利部行政事业单位会计核算标准化科目的通知》（办财务〔2018〕285 号）、《水利部关于进一步加强部属单位内部控制管理的意见》（水财务〔2020〕292 号）、《水利部办公厅关于进一步做好预算执行及动态监控管理有关工作的通知》（办财务〔2020〕85 号）等相关管理制度，加强预算资金运行监控。

在中央专项转移支付资金管理方面，水利部也不断调整政策，以适应不断发展变化的水利事业发展现状和中央财政要求。2016 年 12 月 2 日，财政部、水利部印发《中央财政水利发展资金使用管理办法》（财农〔2016〕181号）。该文件指出，财政部负责编制资金预算，水利部负责组织水利发展资金支持的相关规划或实施方案的编制和审核，研究提出资金分配和工作清单建议方案，协同做好预算绩效管理工作，指导地方做好项目和资金管理等相关工作。水利发展资金支出范围包括农田水利建设、地下水超采区综合治理、中小河流治理及重点县综合整治、小型水库建设及除险加固、水土保持工程建设、淤地坝治理、河湖水系连通项目、水资源节约与保护、山洪灾害防治和水利工程设施维护养护。其中第八条指出，工作清单主要包括水利发展资金支持的年度重点工作、支出方向、具体任务指标等，对党中央、国务院明确的重点任务或试点项目，可明确资金额度。

2019年6月23日，为了进一步规范中央财政水利发展资金管理，提高资金使用的规范性、安全性和有效性，促进水利改革发展，财政部、水利部印发《水利发展资金管理办法》（财农〔2019〕54号）。该文件主要针对中央预算安排用于支持有关水利建设和改革的转移支付资金，要求水利发展资金管理要遵循科学规范、公开透明；统筹兼顾、突出重点；绩效管理、强化监督的原则。最主要的是第十五条，各级财政部门应当会同同级水利部门加强水利发展资金预算绩效管理，建立健全全过程预算绩效管理机制，提高财政资金使用效益。

2. 组织实施情况

按照上述政策文件及水利部预算绩效管理要求，本书以2020年绩效监控工作为例，阐述具体组织实施情况。2020年，水利部绩效监控工作主要分为数据填报、信息分析和反馈应用三个阶段。

（1）数据填报阶段。第一，提前部署，推动绩效监控工作常规化。水利部逐步将预算执行监控工作纳入部门绩效管理常规工作中，自部门预算批复开始，要求各单位开展全过程管理，做好绩效监控准备。通过将绩效监控工作纳入各单位预算管理年度计划中，提前部署相关监控工作，各单位按照文件明确的监控范围和内容、成果要求，结合水利部原有绩效监控工作经验，将绩效监控贯穿预算执行全过程。第二，发布通知，组织开展绩效目标监控工作。接到通知后，水利部及时研究学习文件要求，在此基础上下发了《水利部财务司关于组织开展水利部 2020 年度预算绩效运行监控工作的通知》（财务预〔2020〕61 号），组织各单位启动 2020 年绩效监控工作。第三，填报绩效信息，疏理汇总监控支撑材料。各级单位按照部统一部署组织开展绩效监控，填报《项目支出绩效执行监控表》（以下简称《监控表》），按照预算层级逐级形成二级项目《监控表》。各项目负责人对照年初绩效目标批复情况，收集项目绩效监控信息，按照项目实际实施成果及预算支出情况，汇总项目绩效相关支撑材料。

（2）信息分析阶段。第一，分析绩效监控信息。各单位在收集项目绩效监控信息基础上，详细分析 1~7 月预算执行情况及绩效目标完成情况，并对全年绩效目标完成情况进行预计。对于受疫情影响严重，执行偏差较大的情形，水利部要求各单位进行原因及后续趋势分析，并提出拟采取改进及风险应对措施。第二，复核绩效监控结果。考虑疫情影响，为确保绩效监控结果的真实性和准确性，水利部通过电话沟通、书面复核、在线会议等多种方式，对各单位信息填报情况进行复核，在复核确认的基础上，汇总形成水利部一级项目《监控表》。第三，撰写绩效监控报告。各单位按时编写并报送 2020 年度项目支出绩效执行监控报告。水利部根据各单位填报《监控表》和监控报告内容，结合复核情况，汇总分析形成水利部绩效监控报告并按时报送财政部。

（3）反馈应用阶段。水利部根据各单位上报的监控报告和《监控表》等材料，结合抽查复核情况，形成绩效监控结论，并及时反馈监控情况，对绩效监控工作中发现的绩效目标执行偏差，明确提出整改意见和措施，要求各单位采取有力措施，限期纠正，为后期年度绩效目标如期实现奠定基础。对受疫情影响较大的项目，要求单位及时调整方案，确保实现年度绩效目标。同时，将本次绩效监控中各单位开展情况纳入 2020 年度预算绩效管理考核中，各单位组织开展情况将影响下一年度单位绩效管理工作考核成绩。

（三）绩效评价

预算绩效评价通过构建科学合理的评价指标体系，运用量化指标进行评价，以更好地刻画财政资金在使用过程中出现的问题，以及对财政资金的使用效率进行综合评判。近年来，伴随着我国预算绩效管理工作的逐渐成熟，水利部高度关注并认真对待预算绩效管理工作，在财政部组织的部门整体绩效评价中荣获"优"等级。

相关政策梳理如下：

2015 年 12 月 23 日，水利部财务司印发《关于开展 2015 年度部门试点项目和单位整体支出绩效评价工作的通知》（财务函〔2015〕232 号）。该文件指出，2015 年度部门试点项目和单位整体支出绩效评价的主要内容包括：绩效目标的设定和分解批复情况；资金投入、分配和使用情况；为实现绩效目标制定的制度、采取的措施等；绩效目标的实现程度及效果等。并且文件给出了二级预算单位自评价、中介机构现场复核、水利部组织专家组抽查复核的时间节点。

2016 年 1 月 8 日，水利部财务司出台《关于印发 2015 年度绩效评价工作方案的通知》（财务函〔2016〕3 号）。该文件是对 2015 年《关于开展 2015 年度部门试点项目和单位整体支出绩效评价工作的通知》（财务函〔2015〕232 号）的进一步工作开展，主要列示了 2015 年被纳入部门预算绩效评试点的 11 个项目，即"防汛业务"、"水质监测业务"、"水利科技推广与标准化"、"引进国际先进农业科学技术计划"（948 项目）、"水利部干部教育培训与人才培养"、"水利工程建设稽察"、"水利信息系统运行维护费"、"水文测报业务"、"中央级公益性科研院所基本科研业务费"、"水利部血吸虫病防控经费"、"水土保持业务费"，年度预算总额为 9.07 亿元（见表 3-4）。

表 3-4　2015 年纳入部门预算绩效评价试点项目

项目	承担单位

项目	承担单位
水质监测业务	七个流域机构、中国水利水电科学研究院8个部直属预算单位
防汛业务	七个流域机构、水利部机关（国家防汛抗旱总指挥部办公室）、水利部信息中心和中国水利水电科学研究院等10个部直属预算单位
水利科技推广与标准化	水利部综合事业局、水利部黄河水利委员会等14家部直属预算单位
引进国际先进农业科学技术项目（948项目）	水利部综合事业局、水利部黄河水利委员会等10家部直属预算单位
水利部干部教育培训与人才培养	水利部机关、水利部综合事业局等5家部直属预算单位
水利工程建设稽察	水利部建设管理与质量安全中心
水利信息系统运行维护费	七个流域机构和部信息中心8个部直属预算单位
中央级公益性科研院所基本科研业务费	水科院及所属水利部牧区水利科学研究所、长江水利委员会长江科学院、黄河水利委员会黄河水利科学研究院和水利部交通运输部国家能源局南京水利科学研究院4家科研院所
水利部血吸虫病防控经费	长江水利委员会长江医院
水土保持业务费	七个流域机构和综合局8个部直属预算单位
水文测报业务	七个流域机构和部信息中心8个部直属预算单位

2018年12月25日，水利部印发《水利部关于贯彻落实〈中共中央国务院关于全面实施预算绩效管理的意见〉的实施意见》。该文件提出了建立预算管理的绩效评估机制、加强制度体系建设、推动绩效管理扩围升级、加强绩效目标管理、健全预算绩效标准体系、推动"资金+绩效"双监控、全面实施绩效评价、完善结果应用8项工作任务。

2019年5月17日，财政部办公厅、水利部办公厅印发《关于开展2018年度中央财政水利发展资金绩效评价工作的通知》。该文件要求，根据《中央财政水利发展资金绩效管理暂行办法》和《关于开展2018年中央对地方专项转移支付预算执行情况绩效自评工作的通知》，对中央财政水利发展资金使用情况开展绩效评价，内容包括项目决策、项目管理、项目产出和项目效果等。绩效评价采取绩效自评和他评相结合的方法，通过材料核查、座谈询问、问卷调查、现场勘查等方式，综合运用对比分析、专家评议等方法进行。

2021年6月1日，水利部财务司转发财政部《关于印发第三方机构预算绩效评价业务监督管理暂行办法的通知》。该文件指出，第三方机构参与预算绩效管理是全面实施预算绩效管理的重要举措，是推动加强预算管理、提高财政资金使用效率的有效手段。各单位应选取专业能力突出、机构管理规范、职业信誉较好的第三方机构参与绩效管理工作，确保第三方机构独立于委托方和预算绩效评价对象，严格保守相关涉密信息。

| 第四章 |

我国水利预算绩效管理现状分析

我国水利预算绩效管理经过 20 多年的发展，已经从开始的探索到逐渐完善，为我国水利事业高质量发展提供了有效保障。本章在前述章节基础上，重点阐述了我国水利预算绩效管理工作所取得的成效，并提炼出了我国水利预算绩效管理的主要经验，提出了我国水利预算绩效管理的创新机制。

第一节　主要做法

我国水利预算绩效管理工作逐步实现了从"过程管理"到"效果管理"、从"事后考评"到"事前设定绩效目标、事中实施绩效监控、事后进行绩效评价"全过程绩效管理的转变。各部门、各预算单位预算绩效管理的理念和效率观念初步形成，预算绩效管理制度逐步建立，部门预算绩效管理工作体系更加完善，责任意识更加明确，财政资金使用效率逐渐提升。

一、绩效目标指标

为进一步深化预算绩效管理改革，规范项目绩效目标管理，提高项目绩效事前审核和事后评价的统一性、规范性，根据财政部印发的《中央部门预算绩效目标管理办法》和《预算绩效评价共性指标体系框架》，水利部结合自身业务实际和各类项目特点，研究提出了重点二级项目预算绩效共性指标框架，起草绩效目标指标编制指南，指导各级单位做好绩效目标指标编制工作，推动绩效目标指标科学化、规范化、标准化。

（一）主要做法

1. 绩效目标指标框架

绩效目标框架包括中期目标和年度目标。中期目标和年度目标均包括总体目标和绩效指标（对总体目标的分解）。绩效指标又可以分解为一级指标、二级指标、三级指标及具体的指标值。其中，一级指标、二级指标为固定指标，不可随意更改；三级指标及指标值根据项目实际产出及效益情况如实填报。绩效目标申请表样式见表4-1。

表4-1　项目支出绩效目标申报表（样表）
（××年度）

项目名称						
主管部门及代码				实施单位		
项目属性				项目期		
项目资金 （万元）	中期资金总额：			年度资金总额：		
	其中：财政拨款			其中：财政拨款		
	其他资金			其他资金		
总体目标	中期目标（20××年—20××+n 年）			年度目标		
	目标1： 目标2： 目标3： ……			目标1： 目标2： 目标3： ……		
绩效指标	一级指标	二级指标	三级指标	指标值	二级指标	三级指标	指标值
	产出指标	数量指标	指标1： 指标2： ……		数量指标	指标1： 指标2： ……	
		质量指标	指标1： 指标2： ……		质量指标	指标1： 指标2： ……	

一级指标	二级指标	三级指标	指标值	二级指标	三级指标	指标值
绩效指标	产出指标 时效指标	指标1：		时效指标	指标1：	
		指标2：			指标2：	
		……			……	
	成本指标	指标1：		成本指标	指标1：	
		指标2：			指标2：	
		……			……	
	效益指标 经济效益指标	指标1：		经济效益指标	指标1：	
		指标2：			指标2：	
		……			……	
	社会效益指标	指标1：		社会效益指标	指标1：	
		指标2：			指标2：	
		……			……	
	生态效益指标	指标1：		生态效益指标	指标1：	
		指标2：			指标2：	
		……			……	
	可持续影响指标	指标1：		可持续影响指标	指标1：	
		指标2：			指标2：	
		……			……	
		……			……	
	满意度指标 服务对象满意度指标	指标1：		服务对象满意度指标	指标1：	
		指标2：			指标2：	
		……			……	

2. 绩效目标编制

绩效目标的设定是否合理、执行效果是否有效等都是财政资金预算绩效管理的重要组成部分，如果没能够按照设定的绩效目标执行预算，将很难进入项目库管理，更不能申请预算资金支持。绩效目标编制更加看重的是资金的投入产出效率，一般在预算申报时就加以明确。并且，绩效目标是编制部门预算、执行部门预算和开展绩效评价的重要依据。

（1）绩效目标编制过程。第一步要客观梳理项目的功能特性，即对项目的大致内容进行概括。这里的功能特性主要涵盖资金的性质和来源、预算支出范围、预算执行领域、预算实施内容和受益客体等。第二步要根据上述功能特性，明确资金在预算执行期间和预算执行结束后所要达到的目标和产出效果，继而确定项目总体产出目标。这里的目标设定既可以是定性指标描述，也可以是定量指标刻画。

（2）设定绩效目标的依据。科学合理的绩效目标设定，对于预算绩效管理工作至关重要。绩效目标的设定应该更加贴近实际，更加符合应用需要，更加贴合项目要求。在国家、省级等部门的法律框架内执行，要符合国家总体发展规划和部门年度计划，不能够偏离现有计划框架，依据部门中期和年度预算管理要求，参考相关历史数据和行业标准，制定出更加适宜的绩效目标。

（3）绩效目标编制要求。绩效目标应结合项目实施方案按条分项描述，清晰反映预算资金的预期产出和效果等。具体要求包括：①指向明确。绩效目标的设定一定要有明确指向，即要符合国家和部门发展需要，要明确资金使用去向、资金使用范围和资金最终取得的成效。②细化量化。可衡量性是编制预算绩效目标的关键，只有指标能够量化，才能够实现事后评价。这里的细化是指绩效目标既要考虑到经济效益、社会效益、生态效益，又要考虑到可持续性等，能够用量化指标刻画的就直接用量化指标，不能够量化的定性指标则采取分级方式将其转化为量化指标。③合理可行。科学合理的绩效目标既是靶子，又是动力。绩效目标的设定一定要经过科学论证和充分的调研，既符合当前发展需要，又能够实现。④相应匹配。绩效目标要与计划的任务书相对应，与预算确定的资金量相吻合。

（4）绩效目标示例。绩效目标需说明通过完成年度或中期工作任务，预期能够实现的项目实施效果，具体格式为"通过完成某项工作任务，实现某项目标或效果"，并以"目标1""目标2"……逐条列示，示例见表4-2。

表4-2 水利行业指导项目绩效目标（示例）

项目名称	水利行业指导
总体目标	目标1：通过调研、会议、座谈、监督检查等形式，开展水资源合理开发利用、水资源保护、防汛抗旱减灾、节约用水、水土流失防治、农村水利工作、重大涉水违法事件的查处，以及人事、财务、外事等各项综合性工作，为水利行业管理和事业发展奠定扎实基础 目标2：完善水能资源管理政策法规、开展水能资源管理各项基础性工作、农村水电安全监管、农村小水电扶贫工程建设和管理、农村水电增效扩容改造绩效评价结果抽查审定和资金清算、推进绿色小水电各项建设工作 目标3：完成水文宣传、水资源调查评价分析、水文计量管理，为水文行业管理和事业发展奠定扎实基础 ……

3. 绩效指标编制

绩效指标是衡量资金使用效率的最直观的表现形式和考核工具，要进一步细化分解各项绩效指标，由此提炼出最能反映部门利益和期望实现的目标愿景的关键性指标，并将其确定为对应的绩效指标。编制绩效指标之后，要能够通过合理的渠道，将相关数据加以收集汇总，确定相关标准，最终确定绩效指标的确切数值。一般包括：

（1）产出指标：反映预算部门根据项目既定目标计划完成的产品和服务情况。产出指标可以用产出数量指标、质量指标、时效指标和成本指标来具体说明。

1）数量指标：反映项目计划完成的产品或服务数量，通常用绝对数表示。基本格式：数量指标为"提供什么样的公共产品与服务"，指标值为"产品与服务的数量或范围要求"。示例见表4-3。

表4-3　水土保持业务项目产出数量指标（示例）

三级指标	二级指标	指标值
质量指标	部批在建生产建设项目现场监督检查	检查覆盖率≥××%
	国家水土保持重点工程治理县/涉及省监督检查	检查覆盖率≥××%/××
	水土流失动态监测成果报告	≥××份
	年度监测成果整编	≥××份
	编制中国水土保持公报	××份
	……	

2）质量指标：反映项目计划提供公共产品或服务达到的标准、水平和效果，基本格式：质量指标为"评价公共产品与服务质量的标准"，指标值为"质量标准的范围或具体要求"。示例见表4-4。

表4-4　水文测报项目产出质量指标（示例）

三级指标	二级指标	指标值
质量指标	水文测报设施设备养护率	≥××%
	水文测报设施设备完好率	≥××%
	水文测验合格率	≥××%
	水文资料整编成果数字错误率	≤1/10000
	水情报汛漏、错报率	≤××%
	水文预报合格率	≥××%
	……	

3）时效指标：反映项目提供公共产品或服务的及时程度和效率情况，基本格式：时效指标为"某项公共产品与服务"，指标值为"完成时间要求"。示例见表4-5。

表4-5　监督检查类项目时效指标（示例）

三级指标	二级指标	指标值
时效指标	质量监督报告	竣工验收自查前××个工作日内提交
	……	

4）成本指标：反映预期提供公共产品和服务所需成本的控制情况。基本格式：成本指标为"某项成本事项"，指标值为"成本控制要求"。示例见表4-6。

表4-6　设施管护类项目成本指标（示例）

三级指标	二级指标	指标值
成本指标	房屋维护维修成本	≤××元/月/平方米
	排水、供电、消防、空调等系统运行维护	≤××元/月/平方米
	电梯运行维护	≤××元/月/梯
	……	

（2）效益指标：反映与既定绩效目标相关的、财政支出预期结果的实现程度，主要用来说明预算支出计划或可能给预算执行单位以外的服务对象或社会群体提供的价值。这类指标可以是经济效益指标、社会效益指标，也可以是生态效益指标、可持续影响效益指标和满意度指标。

1）经济效益指标：反映相关产出对经济发展带来的影响和效果，如在产量、产值、收入等经济效益方面的提升或在经济损失方面的减少。示例见表4-7。

表4-7　水利工程维修养护项目经济效益指标（示例）

三级指标	二级指标	指标值
经济效益指标	消除隐患，保证安全度汛，减少人民生命和财产损失	显著
	促进灌溉供水防潮排涝保障率的提高，促进区域经济社会发展	显著

2）社会效益指标：反映相关产出对社会发展带来的影响和效果，如项目活动可能完成的有形资源、无形服务、知识产权等产出物，为一定数量的服务对象或社会群体带来直接或间接的价值等。示例见表4-8。

表4-8　血吸虫病防控项目社会效益指标（示例）

三级指标	二级指标	指标值
社会效益指标	新发病人的控制率（新发感染人数/受检人数）	≤××%
	血吸虫病人救治率（当年完成救治人数/当年计划救治人数×100%）	××%
	血防健康教育媒体宣传促进社会公众增强血防意识	明显
	符合发放标准的已感人群药品发放覆盖率（当年发放人数/当年计划发放人数×100%）	≥××%
	……	

3）生态效益指标：反映相关产出对自然环境带来的影响和效果，可以从植被覆盖、水土流失、水污染防治、节能减排、生态平衡等维度进行具体描述。示例见表4-9。

表4-9　入河排污口监督管理项目生态效益指标（示例）

三级指标	二级指标	指标值
生态效益指标	入河排污口主要污染物达标排放率	≥×%
	持续改善重要江河湖泊水功能区水质	有效
	……	

4）可持续影响效益指标：反映相关产出带来影响的可持续期限，或可能产生的持续影响。示例见表4-10。

表4-10　水资源监督管理项目可持续影响效益指标（示例）

三级指标	二级指标	指标值
可持续影响效益指标	促进水资源可持续利用	有效
	长期内逐步提高我国现代水资源管理和水治理能力水平	显著
	……	

（3）满意度指标：反映服务对象、利益相关者或项目受益人对相关产出及其影响的认可程度。示例见表4-11。

表 4-11　培训类项目满意度指标（示例）

一级指标	二级指标	三级指标	指标值
满意度指标	服务对象满意度指标	主管部门满意度	××%
		参与培训人员满意度	××%
		……	

（二）典型案例

本书以房屋维修绩效评价指标体系框架为例，阐述绩效目标指标设定的框架及指标值的选取原则和注意事项。表 4-12 中包含产出指标、效益指标和满意度指标三个一级指标，一级指标下又分别设有数量指标、质量指标、时效指标、成本指标等若干二级指标，三级指标则为二级指标的细化，层层递进，并且给出了相应的指标值，使整个绩效评价有理有据，更加科学、客观。

表 4-12　房屋维修类项目绩效评价指标体系

一级指标	二级指标	三级指标	指标值
产出指标	数量指标	房屋维修工程量	××间××平方米
		内外墙维修面积	内墙××平方米，外墙××平方米
		更换门窗	更换门××扇，更换窗××扇
		天面隔热/防水维修面积	××平方米
		地台维修面积	××平方米
		给水、排水、供热、消防等水系统改造	××米/××个结点
		强弱电系统改造	××米/××个结点
		……	……
	质量指标	工程质量达标情况	符合××市《房屋修缮工程施工质量验收规程》，且验收通过率达到100%
		……	……

续表

一级指标	二级指标	三级指标	指标值
产出指标	时效指标	在规定时间完成维修工作	维修工程将按计划进行，××月前完成
		合同验收时间	××月前完成
	成本指标	……	……
效益指标	经济效益指标	节能降耗效果	××标准煤（电、气）每年/效果显著
		节约用水效果	××吨每年/效果显著
		节约日常运行维护费用	××元每年/效果显著
	社会效益指标	消除安全隐患	××处/效果显著
		改善生产工作环境	效果显著
	可持续影响指标	提高房屋使用寿命，延长大修周期	提高×（5）年以上，××年不用大修
		……	……
满意度指标	服务对象满意度指标	房屋使用单位、人员的满意度	≥××%
		……	……

二、绩效监控

为深入贯彻落实《中共中央　国务院关于全面实施预算绩效管理的意见》，加快构建全方位、全过程、全覆盖的水利预算绩效管理体系，根据财政部《关于印发〈中央部门预算绩效运行监控管理暂行办法〉的通知》（财办预〔2019〕136号）等文件精神和预算绩效管理有关规定，结合《水利部关于印发〈水利部部门预算绩效管理暂行办法〉的通知》（水财务〔2019〕355号）关于部门预算绩效运行监控的管理要求，水利部连续多年组织各单位开展年度绩效监控工作。通过认真开展监控自评，跟踪复核项目支出绩效目标中期完成情况及取得的实际效果，查找存在的问题，分析未完成原因，总结形成监控结论。主要做法如下：

1. 落实最新要求，确定监控范围

坚持全面覆盖、突出重点的原则，集中力量对上一年度部门预算所有一级项目，连同其所属二级项目，全面开展绩效目标执行监控工作，范围涵盖中央一般公共预算和政府性基金预算，明确涉及资金和预算单位，并对重点民生政策和重大专项，以及巡视、审计、监督检查及日常管理中发现问题较多、管理薄弱的领域予以重点监控。

2. 解读文件精神，确定监控重点

认真研读党中央、国务院、财政部相关政策文件，明确年度水利部项目支出绩效目标执行监控工作的背景与目标、监控重点内容、成果要求与时间节点，同时对绩效监控工作的方法、步骤及相关要求等做出具体部署，确保全面贯彻落实监控工作要求。确定绩效目标执行情况的监控重点，对于准确执行预算利用情况、提高资金使用效率具有重要作用。此时的监控重点应该是全程对绩效目标的实现和完成情况进行监控，既有数量方面的指标完成情况，也有质量、实效和成本等方面的指标完成情况。而项目实施过程中的社会效益、经济效益、生态效益等指标的实现程度和趋势，也是监控关注的重点内容。预算绩效管理工作要在收集和分析上述目标的基础之上，对某些偏离既定计划的指标进行重点关注，分析其偏离原因，并对预期不能完成的目标进行提前部署，重点在于查找具体原因，进而找到解决当前问题的有效方法。

3. 精心指导培训，周密组织定排

为确保绩效目标执行监控工作有序开展，水利部通过举办预算管理培训班对绩效管理发展方向、工作流程、重点事项等进行培训，对本年度绩效监控工作新形势、新要求进行专门讲解，对各单位存在的疑问进行现场答疑，推动提升各单位绩效监控工作能力。在深入解读政策文件基础上，为确保全面贯彻落实财政部有关监控工作的精神，水利部组织各单位开展自评，对时间节点、工作方法、步骤及相关要求等做出部署。各二级预算单位认真填写并提交《项目支出绩效目标执行监控表》，按时报送项目支出绩效目标执行情况监控报告。在复核确认的基础上，水利部组织汇总打捆形成水利部一级项目监控表（见表4-13）。

表 4-13　项目支出绩效目标执行监控表

项目支出绩效目标执行监控表

（　　年度）

项目名称				
主管部门及代码		实施单位		
项目资金（万元）	年度资金总额： 其中：本年一般公共预算拨款 其他资金	年初预算数	1~7月执行数	1~7月执行率	全年预计执行数

绩效指标	一级指标	二级指标	三级指标	年度指标值	1~7月执行情况	全年预计完成情况	偏差原因分析						完成目标可能性			备注
							经费保障	制度保障	人员保障	硬件条件保障	其他	原因说明	确定能	有可能	完全不可能	
年度总体目标																
	产出指标	数量指标														
		质量指标														
		时效指标														

续表

绩效指标	一级指标	二级指标	三级指标	年度指标值	1~7月执行情况	全年预计完成情况	偏差原因分析						完成目标可能性			备注
							经费保障	制度保障	人员保障	硬件条件保障	其他	原因说明	确定能	有可能	完全不可能	
绩效指标	产出指标	成本指标														
		……														
	效益指标	经济效益指标														
		社会效益指标														
		生态效益指标														
		可持续影响指标														
		……														
	满意度指标	服务对象满意度指标														
		……														

注：1. 偏差原因分析：针对与预期目标产生偏差的指标值，分别从经费保障、制度保障、人员保障、硬件条件保障等方面进行判断和分析，并说明原因。

2. 完成目标可能性：对应所设定的实现绩效目标的路径，分确定能、有可能、完全不能三级综合判断完成的可能性。

3. 备注：说明预计到年底不能完成目标的原因及拟采取的措施。

4. 多种方式复核，确保监控质量

为确保监控结果的真实性和准确性，水利部组织第三方中介机构，通过电话沟通、书面复核、重点项目抽查等方式，对监控情况进行复核，对监控工作中发现的问题，第一时间进行核实、反馈。而绩效监控工作首先采用电话回访的方式对监控表中的有关数据进行核实，对存在疑问的指标进行电话质询，记录相关情况；对存在明显问题的，要求项目单位提交书面说明。通过多种方式复核，深度了解绩效目标执行情况，深入了解基层单位需求，并督促提出改进建议，着力推动年度绩效目标如期实现。

5. 总结形成结论，强化反馈应用

由于项目支出绩效目标执行监控工作具有范围大、时间紧、任务重、涉及单位层级多、链条长等特点，水利部根据各单位上报的监控报告和监控表等材料，结合抽查复核情况，形成绩效监控结论，对发现的问题及时反馈、督促整改。

三、绩效自评

为深入贯彻落实党的十九大报告"建立全面规范透明、标准科学、约束有力的预算制度，全面实施绩效管理"和《中共中央 国务院关于全面实施预算绩效管理的意见》、《水利部关于贯彻落实〈中共中央 国务院关于全面实施预算绩效管理的意见〉的实施意见》（以下简称《实施意见》）的总体要求，进一步强化水利部门预算绩效管理和部门管理水平，提高财政资源配置效率和使用效益，按照《项目支出绩效评价管理办法》（财预〔2020〕10号）（以下简称《办法》）规定及《财政部办公厅关于做好2019年度中央部门项目支出绩效评价工作的通知》（财办监〔2020〕7号）（以下简称《通知》）要求，水利部高度重视，认真组织开展部门预算项目支出绩效评价相关工作。本书以2019年度预算项目支出绩效评价为例，阐述相关内容。

1. 评价范围和数量

按照《办法》要求，水利部实现绩效自评全覆盖。在范围上，水利部严格贯彻《通知》要求，二级至五级预算单位，一般公共预算、政府性基金预算及国有资本经营预算全部纳入了自评范围。在数量上，水利部完成了38个一级项目、67个二级项目绩效自评工作，覆盖率100%。

2. 评价方式方法

根据《办法》及《通知》要求，本次评价工作采取单位自评和部门评价两种方式：

（1）单位自评。单位自评工作采用自评表评分的形式，采用定量评价与定性评价相结合的方法，评价内容包括项目总体绩效目标、各项绩效指标完成情况以及预算执行情况，由具体预算执行单位自行打分，并按预算管理机制逐级汇总。各单位严格落实《办法》有关单位自评的各项要求，对照财政部、水利部批复的项目绩效目标和指标值，根据项目实际完成情况及效果实现情况，确定相关的分值权重及评价标准后，对指标逐项打分，对未完成或偏离计划指标值较大的，由项目执行单位做出原因说明并提出拟采取的措施，形成项目自评表。

（2）部门评价。部门评价本着问题导向、系统评价、科学客观、讲求绩效的原则，采用全面评价和重点评价相结合、定性分析与定量分析相结合的方式，运用案卷研究、专家咨询等方法，对项目决策、过程、产出、效益四方面进行综合评价，并形成一级、二级项目打捆绩效评价报告。

3. 评价标准

（1）分值权重。按照《办法》规定，单位自评满分为100分，预算执行率和一级指标权重统一设置为：预算资金执行率10%、产出指标50%、效益指标30%、服务对象满意度指标10%。一级指标如无特殊因素，原则上权重不做调整，二级、三级指标权重由项目执行单位根据指标重要程度、项目实施阶段等因素综合确定。部门评价满分为100分，按照《办法》中原则上产出指标、效益指标权重不低于60%的要求，确定决策、过程、产出及效益一级指标权重分别为 20%、20%、30%、30%，二级、三级指标根据指标数量、重要性等情况酌情赋分。

（2）评分标准。单位自评严格贯彻《办法》有关定量指标、定性指标的评分规则，其中：定量指标得分按照（完成值/计划值）×指标标准分（权重）的公式进行计算，超过标准分值的以标准分计算，对于完成值高于指标值较多的，如若由于年初指标值设置明显偏低造成，按照偏离度适度调减分值；定性指标由项目负责人员根据指标完成情况，分为达成年度指标、部分达成年度指标并具有一定效果、未达成年度指标且效果较差三档，分别按照该指标对应分值区间 100%~80%（含）、80%~60%（含）、60%~0%确定具体分值。部门评价根据各项目评价指标体系，对照评价要点及评分标准，对三级指标进行逐一打分，并按照三级、二级、一级指标逐级汇总形成项目综合评价得分。

4. 单位自评情况

2019 年度绩效自评上报一级项目支出绩效自评表 38 个，从总体绩效完成情况来看，2019 年度项目支出绩效总体情况良好，各项主要产出较好地实现了预期效果，相关受益对象对项目实施效果较为满意；全年预算执行进度良好，年末基本无结转结余；财务制度健全，会计核算总体规范、准确，保证了财政资金安全合规使用。

四、试点绩效评价

以试点项目和单位整体支出绩效评价为发力点，是水利部开展水利预算绩效管理工作的一个亮点，通过组织开展深度绩效评价，注重了事前、事中和事后各环节的管理。其中，事前通过夯实工作基础，制定评价打分体系，组织开展绩效培训及工作布置会，宣贯政策、提升技能、明确要求；事中加强了监督检查，按照时间节点、质量要求跟踪评价进展，复核二级单位评价结果，打捆汇总形成一级项目绩效评价报告，确保评价质量；事后则通过交流评价经验，反馈评价结果，强化了结果应用，督促了落实整改，同时将绩效评价结果纳入预算执行考核，与二级预算单位及其领导干部评先评优挂钩。

主要做法为：每年选取体现水利行业特点和核心工作的若干试点项目或单位，对绩效实现情况进行系统评价，深入挖掘预算项目或单位整体支出目标指标实现的相关绩效，查找存在问题。本书以 2020 年度绩效评价工作为例，阐述该项工作的进展情况。2020 年度绩效评价工作采取二级预算单位自评价、第三方机构现场复核及水利部组织专家组抽查复核相结合的方式进行。具体安排如下：

1. 印发绩效评价指标体系和打分办法

水利系统绩效评价指标体系和打分方法并不是一成不变的，要根据相关项目的具体情况，采取差异化的绩效评价指标体系，这样能够体现项目之间的差异性。但是，总体而言，绩效评价指标要从项目立项、资金落地、业务管理、财务支出、项目收益等方面设定评价指标，并且明确每一项评价指标的评分标准和依据，统一评价标准，以更好地保障绩效评价的科学性、有序性、规范性和实用性。印发部门试点项目和单位整体支出绩效评价指标体系和打分办法，作为二级预算单位开展绩效评价工作、第三方机构现场复核及专家组抽查复核的统一打分依据。

本书以"2020 年度水文测报项目绩效评价"为例进行说明。在指标选用和分值调整方面，该项目绩效评价指标体系共分四部分，分别为决策部分、过程部分、产出部分、效益部分，对应分值分别为 20 分、20 分、30 分、30 分（见表4-14）。在进行项目绩效评价时，各单位可根据自身情况、项目的实际情况，对三级指标选择使用，分值有变化的，在保证上一级指标总分值不变的情况下，根据重要性原则自行调整赋分。产出、效益两部分三级指标均需根据上级批复的绩效目标表内容相应调整指标内容；调整后的指标分值根据重要性原则由各单位在保证二级指标分值不变的基础上自行赋分。在具体评分区间的选择上，水文测报项目实行分档分区间打分的方式。首先确定第一档数值，并将其作为固定值处理。除此之外，

表 4-14 水文测报项目绩效评价指标体系及评分标准

一级指标	分值	二级指标	分值	三级指标	分值	指标解释和评价要点	计划指标值	实际完成值	评价标准	得分	备注
决策	20	项目立项	10	立项依据充分性	5	指标解释：项目立项是否符合法律法规、相关政策、发展规划，部门职责以及党中央、国务院重大决策部署，用以反映和考核项目立项依据情况 评价要点：①项目是否符合国家法律法规、国民经济发展规划，行业发展规划以及相关政策要求；②项目立项是否符合党中央、国务院重大决策部署；③项目立项是否与部门职责范围相符，属于部门履职所需；④项目是否属于公共财政支出范围，是否符合中央事权支出划分原则；⑤项目同类部门或项目门类相关项目是否重复	—	—	评价要点①~④标准分各1分：符合评价要点要求的，得1分；较符合评价要点要求的，得0.5分；不够符合评价要点要求的，得0分 评价要点⑤标准分1分：项目与相关部门同类项目或项目门类相关项目重复存在交叉重叠，得1分；项目与相关部门内部相关项目重复存在交叉重叠，得0分		
				立项程序规范性	5	指标解释：项目申请、设立过程是否符合相关要求，用以反映和考核项目立项的规范情况 评价要点：①项目是否按照规定的程序申请设立；②审批文件、材料是否符合相关要求；③事前是否已经过必要的可行性研究、专家论证、风险评估、绩效评估、集体决策	—	—	评价要点①②标准分各1分：符合评价要点要求的，得1分；较符合评价要点要求的，得0.5分；不够符合评价要点要求的，得0分 评价要点③标准分3分：事前必要程序规范，得3分；事前必要程序较规范，得1.5~3分；事前必要程序不够规范，得0~1.5分		

续表

一级指标	分值	二级指标	分值	三级指标	分值	指标解释和评价要点	计划指标值	实际完成值	评价标准	得分	备注
决策	20	绩效目标	5	绩效目标合理性	3	指标解释：项目所设定的绩效目标是否依据充分，是否符合客观实际，用以反映和考核项目绩效目标与项目实施的相符情况 评价要点：①项目是否有绩效目标；②项目绩效目标与实际工作内容是否具有相关性；③项目预期产出和效果是否符合正常的业绩水平；④是否与部门履职和社会发展需要相匹配	—	—	评价要点①为否定性要点，无标准分，但项目立项时未设定绩效目标或只考核其他工作任务，无须关注其他评价要点，本条指标不得分 评价要点②~④标准分各1分：符合评价要点要求的，得1分；较符合评价要点要求的，得0.5分；不够符合评价要点要求的，得0分		
				绩效指标明确性	2	指标解释：依据绩效目标设定的绩效指标是否细化、细化，可衡量等，用以反映和考核项目绩效目标的明细化情况 评价要点：①是否将项目绩效目标细化分解为具体的绩效指标；②是否通过清晰、可衡量的指标值予以体现；③是否与项目任务数或计划数相对应	—	—	评价要点①标准分1分：将项目绩效目标细化分解为具体的绩效指标，得1分；未将项目绩效目标细化分解为具体的绩效指标的，得0分 评价要点②③标准分共1分：符合评价要点要求的，得1分；较符合评价要点要求的，得0.5分；不够符合评价要点要求的，得0分		

水利预算绩效管理实践探索与改革路径研究

续表

一级指标	分值	二级指标	分值	三级指标	分值	指标解释和评价要点	计划指标值	实际完成值	评价标准	得分	备注
决策	20	资金投入	5	预算编制科学性	3	指标解释：项目预算编制是否经过科学论证，有明确标准，资金额度和考核项目预算是否相适应，用以反映和考核项目预算编制的科学性、合理性情况 评价要点：①预算编制是否经过科学论证；②预算内容与项目内容是否匹配；③预算额度测算依据是否充分，是否按照标准编制；④预算确定的项目投资额或资金量是否与工作任务相匹配	—	—	评价要点①~④共计3分，根据评价要点体赋分：符合评价要点要求的，得3分；较符合评价要点要求的，得1.5~3分；不够符合评价要点要求的，得0~1.5分		
				资金分配合理性	2	指标解释：项目预算资金分配是否有测算依据，与考核项目单位预算是否相适应，用以反映和考核项目资金分配的科学性、合理性情况 评价要点：①资金分配依据是否充分，是否按照相关资金管理办法分配；②预算资金分配是否合理，与项目单位实际是否相适应	—	—	评价要点①②标准分各1分：符合评价要点要求的，得1分；较符合评价要点要求的，得0.5分；不够符合评价要点要求的，得0分		

— 080 —

续表

一级指标	分值	二级指标	分值	三级指标	分值	指标解释和评价要点	计划指标值	实际完成值	评价标准	得分	备注
过程	20	资金管理	10	资金到位率	2	指标解释：实际到位资金与预算资金的比率，用以反映和考核资金落实对项目实施的总体保障程度 资金到位率＝（实际到位资金／预算资金）×100% 实际到位资金：一定时期（本年度或项目期）内落实到位的资金 预算资金：一定时期（本年度或项目期）内预算安排到具体项目的资金 评价要点：资金到位是否足额	—	—	得分＝资金到位率×标准分，超过标准分按照标准分计		
				预算执行率	4	指标解释：项目预算资金是否按照计划执行，用以反映或考核项目预算执行情况 预算执行率＝（实际支出资金/实际到位资金）×100% 实际支出资金：一定时期（本年度或项目期）内项目实际拨付的资金 评价要点：截至实施周期末资金实际支出比例情况	—	—	得分＝预算执行率×标准分，超过标准分按照标准分计		

续表

一级指标	分值	二级指标	分值	三级指标	分值	指标解释和评价要点	计划指标值	实际完成值	评价标准	得分	备注
过程	20	资金管理	10	资金使用合规性	4	指标解释：项目资金使用是否符合相关的财务管理制度规定，用以反映和考核项目资金的规范运行情况 评价要点：①是否符合国家财经法规和财务管理制度以及有关专项资金管理办法的规定；②资金的拨付是否有完整的审批程序和手续；③是否符合项目预算规定的用途；④是否存在截留、挪用、挤占、虚列、虚报支出等情况	—	—	评价要点①~④标准分共4分，每出现1个与评价要点要求不符合的问题扣1分，扣完为止		
		组织实施	10	管理制度健全性	5	指标解释：项目实施单位的财务和业务管理制度是否健全，用以反映和考核财务和业务管理制度对项目顺利实施的保障情况 评价要点：①是否已制定或具有相应的财务和业务管理制度；②财务和业务管理制度是否合法、合规、完整	—	—	评价要点①标准分2分：项目实施单位制定或具备相应的财务和业务管理制度其中一种，得2分；不具备财务或业务管理制度的，得1分；不具备财务和业务管理制度，得0分 评价要点②标准分3分：符合评价要点要求的，得3分；较符合评价要点要求的，得1.5~3分；不够符合评价要点要求的，得0~1.5分		

续表

一级指标	分值	二级指标	分值	三级指标	分值	指标解释和评价要点	计划指标值	实际完成值	评价标准	得分	备注
过程	20	组织实施	10	制度执行有效性	5	指标解释：项目实施是否符合相关管理规定，用以反映和考核相关管理制度制定的有效执行情况 评价要点：①是否遵守相关法律法规和相关管理规定；②项目合同调整手续是否完备；③项目合同书、验收报告、技术鉴定等资料是否齐全并及时归档；④项目实施的人员条件、场地设备、信息支撑等是否落实到位			评价要点①标准分2分：符合评价要点要求的，得2分；较符合评价要点要求的，得1~2分；不够符合评价要点要求的，得0~1分 ②~④标准分各1分：符合评价要点要求的，得1分；较符合评价要点要求的，得0.5分；不够符合评价要点要求的，得0分 以上评价标准对于发现的同一问题不重复扣分		
产出	30	产出数量	18	国家基本水文站站点数量	2	指标解释：项目各项产出的实际完成率即项目实施的实际产出数与计划产出数的比率，用以反映和考核项目产出数目目标的实现程度 实际完成率＝（实际产出数÷计划产出数）×100%	—		得分＝实际完成率×2分，超过2分的按2分计		
				专用水文站站点数量	2	实际产出数：一定时期（本年度或项目日期）内项目实际产出的产品或提供的服务数量	—	—	得分＝实际完成率×2分，超过2分的按2分计		
				水位监测断面数量	2		—	—	得分＝实际完成率×2分，超过2分的按2分计		

水利预算绩效管理实践探索与改革路径研究

续表

一级指标	分值	二级指标	分值	三级指标	分值	指标解释和评价要点	计划指标值	实际完成值	评价标准	得分	备注
产出	30	产出数量	18	流量监测断面数量	2	计划产出数：项目绩效目标确定的在一定时期（本年度或项目期）内计划产出的产品或提供的服务数量 评价要点：项目实施周期内各项产出完成情况	—	—	得分＝实际完成率×2分，超过2分的按2分计		
				降水监测站数量	2		—	—	得分＝实际完成率×2分，超过2分的按2分计		
				河流泥沙监测断面	1		—	—	得分＝实际完成率×1分，超过1分的按1分计		
				洪水预报站点	1		—	—	得分＝实际完成率×1分，超过1分的按1分计		
				在站整编审查站数	1		—	—	得分＝实际完成率×1分，超过1分的按1分计		
				水情信息收集量	1		—	—	得分＝实际完成率×1分，超过1分的按1分计		
				水文年鉴的审查、汇编及刊印	1		—	—	得分＝实际完成率×1分，超过1分的按1分计		

续表

一级指标	分值	二级指标	分值	三级指标	分值	指标解释和评价要点	计划指标值	实际完成值	评价标准	得分	备注
产出	30	产出数量	18	《中国河流泥沙公报》编写、审查及出版	1	计划产出数：项目绩效目标确定的在一定时期（本年度或项目期）内计划产出的产品或提供的服务数量 评价要点：项目实施周期内各项产出完成情况	—	—	得分＝实际完成率×1分，超过1分的按1分计		
				日常化预报站次	2		—	—	得分＝实际完成率×2分，超过2分的按1分计		
		产出质量	8	水文测报设施设备养护率	2	指标解释：用以反映和考核项目产出质量目标的实现程度 评价要点：对照实际批复的绩效目标，对项目质量达标情况进行评价	—	—	1. 达到既定标准，2分； 2. 未达到既定标准，偏差5%以内，1～2分； 3. 未达到既定标准，偏差5%以上，0～1分		
				水文测验合格率	2		—	—	1. 达到既定标准，2分； 2. 未达到既定标准，偏差5%以内，1～2分； 3. 未达到既定标准，偏差5%以上，0～1分		

续表

一级指标	分值	二级指标	分值	三级指标	分值	指标解释和评价要点	计划指标值	实际完成值	评价标准	得分	备注
产出	30	产出质量	8	水文资料整编成果系统特征值错误/数字错误率	2	指标解释：用以反映和考核项目产出质量目标的实现程度 评价要点：对照实际批复的绩效目标，对项目质量达标情况进行评价	—	—	1. 达到既定标准，2分； 2. 每出现一次未达到既定标准，扣1分，扣至0分为止		
				水情报汛漏、错报率	2		—	—	1. 达到既定标准，2分； 2. 未达到既定标准，偏差5%以内，1~2分； 3. 未达到既定标准，偏差5%以上，0~1分；		
		产出时效	3	设备设备检查汛前完成率	1	指标解释：项目实际完成时间与计划完成时间的比较，用以反映和考核项目产出时效标的实现程度 实际完成时间：项目实际完成该项目实际所耗用的时间 计划完成时间：按照项目实施计划或计划完成该项目所需的时间 评价要点：项目是否按计划进度完成各阶段工作任务	—	—	1. 达到既定标准，1分； 2. 未达到既定标准，偏差5%以内，0.5分； 3. 未达到既定标准，偏差5%以上，0分；		
				日常化预报	1		—	—	1. 日常化预报在规定时间内，1分； 2. 未在规定时间内预报，0分		
				水情报汛	1		—	—	1. 水雨情信息在规定时间内报送，1分； 2. 未在规定时间内报送，0分		
		产出成本	1	维护维修总成本控削	1	指标解释：完成项目计划工作目标是否采取了有效的成本节约措施或成本 评价要点：项目成本节约情况	—	—	1. ≤设施设备造价或价格的15%，1分； 2. >设施设备造价或价格的15%，0.5分； 3. ≥设施设备造价或价格的20%，0分		

续表

一级指标	分值	二级指标	分值	三级指标	分值	指标解释和评价要点	计划指标值	实际完成值	评价标准	备注	得分
效益	30	项目效益	30	国家水文站网水文测验大江大河洪水监测控制率	5				1. 达到既定标准，5分； 2. 未达到既定标准，偏差5%以内，2.5~5分； 3. 未达到既定标准，偏差5%以上，0~2.5分		
				为综合治理、开发和防洪对策研究提供重要的基础信息和决策依据	5	指标解释：项目实施所产生的社会效益、经济效益、生态效益、可持续影响等 评价要点：评价项目实施效益的显著性程度	—	—	1. 有效，5分； 2. 较有效，2.5~5分； 3. 不够有效，0~2.5分		
				促进流域综合治理开发以及水资源可持续利用	5		—	—	1. 效益显著，5分； 2. 效益较显著，2.5~5分； 3. 效益不够显著，0~2.5分		

续表

一级指标	分值	二级指标	分值	三级指标	分值	指标解释和评价要点	计划指标值	实际完成值	评价标准	得分	备注
效益	30	项目效益	30	逐步促进了解河势变化及对防洪、河道整治的开发利用	5	指标解释：项目实施所产生的社会效益、经济效益、生态效益，可持续影响等。评价要点：评价项目实施效益的显著程度	—	—	1. 有效，5分； 2. 较有效，2.5~5分； 3. 不够有效，0~2.5分		
				业务培训人次	5		—	—	1. 业务培训人次达到既定要求，5分； 2. 业务培训人次较好达到既定要求，2.5~5分； 3. 业务培训人次未达到既定要求，0~2.5分		
				上级主管部门满意度	5	指标解释：上级主管部门对项目实施效果的满意程度。评价要点：一般采取社会调查或访谈等方式评价上级主管部门对项目实施的满意程度	—	—	1. 满意度≥90%，5分； 2. 其他情况，得分=满意度/90%×5分		
得分合计											

其他档均为含下限不含上限的设定标准。比如，第二档的指标分值为3~
6，则意味着绩效评价的打分区间只能在3~6区间选择，但是由于不能包
含上限，所以在这一档的绩效打分中不能够出现"6"。至于涉及需要调整
分值的情况，分档打分参考相关区间如表4-15所示（第二、第三档均不
含上限）。

表4-15　评分区间

指标分值	第一档	第二档	第三档
1	1	0.5	0
2	2	1~2	0~1
3	3	1.5~3	0~1.5
4	4	2~4	0~2
5	5	2.5~5	0~2.5
6	6	3~6	0~3
7	7	3.5~7	0~3.5
8	8	4~8	0~4
9	9	4.5~9	0~4.5
10	10	5~10	0~5
11	11	5.5~11	0~5.5
12	12	6~12	0~6
13	13	6.5~13	0~6.5
14	14	7~14	0~7
15	15	7.5~15	0~7.5

2. 二级预算单位开展自评价

预算绩效自评价是预算绩效管理的关键环节，各预算单位针对年度预
算绩效管理情况做出清晰认知，对比相关评价指标体系，才能够找出自身
存在的问题，进而提出更具优化性的政策建议。各相关二级预算单位根据
试点项目和单位整体支出绩效评价指标体系及打分办法，组织开展自评价

工作。在自评价的基础上，撰写试点项目和单位整体支出自评价报告，并将试点项目和单位整体支出绩效报告及绩效自评价报告以正式文件的形式报水利部，并同步报送相关电子版资料。在自评价报告中，应该尽可能核实相关指标执行进度，对于存在的问题及产生该问题的原因进行详细且具体的阐述，并依据二级预算单位自身存在的问题，提出下一步拟改进措施，如有必要，应该附相关佐证材料。

3. 自评材料初审

主管部门组织对各单位提交的自评材料进行初步审核，形成初步审核意见。该步骤是对二级预算单位开展自评价内容的审核，是进一步把控部门预算绩效管理的重要环节，对于及时查找和纠正问题具有至关重要的作用。对于符合要求且实事求是进行问题剖析和对策应答的二级单位应该给予通过，否则将对各二级预算单位提交的自评材料提出相关质疑，如有必要，将返回二级预算绩效单位，对相关材料做进一步佐证说明。

4. 第三方机构现场复核

第三方机构参与现场复核，是我国预算绩效管理工作迈出的重要一步，由于委托给第三方机构参与预算绩效管理工作，其实质是建立了更加完善和透明的财政资金使用制度，更加有助于提升资金使用效率。财政部要求，应坚持权责清晰、主体分离、厉行节约、突出重点、质量导向、择优选取等基本原则，对预算部门或单位委托第三方机构评价自身绩效。基于此，通过引入第三方机构对自评结果进行复核，能够更加客观地反映资金使用情况，对项目预算计划、预算执行和预算产出等各个环节进行深入摸底和分析，并对其中容易产生问题的环节进行细致剖析，对发现问题的节点及时汇总上报，为下一阶段的专家抽查复核提供部分依据和参考。同时，为了更加完善本项制度的实施，也为了确保第三方机构在现场复核环节能够做到客观公正，水利部门预算绩效管理工作突出了现场复核环节之后的回访机制。也就是说，二级预算单位在自评基础上，经过第三方机构复核。此时，需要对二级预算单位进行问卷调查或电话回访，对第三方机构复核结果进行再次确认，以提高复核结果的认可度。

5. 专家抽查复核

在第三方机构复核结果之后，相关部门要对复核结果中出现问题的部分环节展开专家复核。通过组建专家组的形式，开展重点抽查和调研。这里的专家组须由财务主管部门和业务主管部门共同参与，以便更明晰问题产生的根源，更好地为后期处理工作奠定基础。专家组通过听取汇报、当面质询、查阅资料、现场查看等方式了解绩效完成情况，就评价结果和业务主管部门进行沟通，达成一致意见。专家抽查及现场复核主要采取资料核查、座谈询问、问卷调查、现场勘查等方式，综合运用对比分析、专家评议等方法组织开展。专家组赴随机抽查的有关县进行现场复核后，将根据复核评分结果进行汇总评价，形成总体评价报告，作为与资金分配挂钩的奖惩依据之一，并在一定范围内公开，接受社会监督。在自评价与第三方机构现场复核的基础上，将组织专家组对部分项目和单位开展抽查复核工作。

6. 汇总打捆形成绩效评价报告

通过前面五个步骤的预算绩效管理，最终汇总打捆形成试点项目绩效评价报告和单位整体支出绩效评价报告，该绩效评价报告既可作为对当年工作的总结，又可以作为下一年度预算绩效管理的重要参考内容（见表4-16）。

表4-16　绩效评价复核评分表

一级指标	分值	二级指标	分值	三级指标	分值	计划指标值	实际完成值	自评价得分	复核得分	扣分原因
决策	20	项目立项	10	立项依据充分性	5					
				立项程序规范性	5					
		绩效目标	5	绩效目标合理性	3					
				绩效指标明确性	2					
		资金投入	5	预算编制科学性	3					
				资金分配合理性	2					

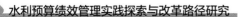

续表

一级 指标	分 值	二级 指标	分 值	三级指标	分 值	计划 指标值	实际 完成值	自评价 得分	复核 得分	扣分 原因
过程	20	资金 管理	10	资金到位率	2					
				预算执行率	4					
				资金使用合规性	4					
		组织 实施	10	管理制度健全性	5					
				制度执行有效性	5					
产出	30	产出 数量	18	国家基本水文站站点数量	2					
				专用水文站站点数量	2					
				水位监测断面数量	2					
				流量监测断面数量	2					
				降水监测站数量	2					
				河流泥沙监测断面	1					
				洪水预报站点	1					
				在站整编审查站数	1					
				水情信息收集量	1					
				水文年鉴的审查、汇编及刊印	1					
				《中国河流泥沙公报》编写、审查及出版	1					
				日常化预报站次	2					
		产出 质量	8	水文测报设施设备养护率	2					
				水文测验合格率	2					
				水文资料整编成果系统错误/特征值错误/数字错误率	2					
				水情报汛漏、错报率	2					
		产出 时效	3	设施设备检查汛前完成率	1					
				日常化预报	1					
				水情报汛	1					
		产出 成本	1	维护维修总成本控制	1					

续表

一级指标	分值	二级指标	分值	三级指标	分值	计划指标值	实际完成值	自评价得分	复核得分	扣分原因
效益	30	项目效益	30	国家水文站网水文测验大江大河洪水监测控制率	5					
				为综合治理、开发和防洪对策研究提供重要的基础信息和决策依据	5					
				促进流域综合治理开发以及水资源可持续利用	5					
				逐步促进了解河势变化及对防洪、河道整治的开发利用	5					
				业务培训人次	5					
				上级主管部门满意度	5					
得分合计										
抽查复核发现的问题及建议	重点对抽查复核发现的问题予以揭示，主要包括项目论证、管理、实施、资金管理等方面，并提出相应建议									

审查机构签章：

日期：

注：本表以水文测报项目为例。

第二节　主要经验

我国水利预算绩效管理在各部委中走在前列，对于执行中央预算绩效管理和推动我国预算绩效管理工作发挥了重要作用，在不断实践和探索中，形成了如下主要经验。

一、领导高度重视，高位推动绩效管理工作

预算绩效管理是一项系统性和组织性较强的工作，需要高度关注。只有达成自上而下的统一共识，才能够更好地推进该项工作的顺利有序开展。水利预算绩效管理工作之所以走在了部委前列，实现了财政资金使用效率的较大化，最主要的原因在于水利部党组的高度重视，形成了统一部署，确保了水利财政资金的安全和高效利用；并多次召开专题研讨会和部署会，对部门预算管理和绩效管理工作做出明确指示，明确资金监管职责，推动建立健全覆盖全过程的预算绩效管理工作，做到了全程管理、监督和协调。

水利部预算绩效管理工作开始于 2012 年，由时任分管财务工作的副部长牵头成立预算管理领导小组，并任组长，相关司局主要负责人为主要成员，成立了较为完备的组织体系，初步构建了"财务搭台、多方参与"的预算绩效管理体制。在制定绩效目标、指标等关键数值时，遵循三个重要步骤，即先由业务主管司局负责人和业务分管领导审核设定的绩效目标，然后交由财务司汇总报水利部领导审定，最后上报财政部审核。其实，水利部预算绩效管理工作蹚出了一条先行先试的路子，由于是试点单位，所以也是在 2012 年，首次探索实行了第三方机构开展绩效调研审核、专家组复核的管理机制，有效保证了绩效评价结果的公允性和客观性。党的十八大以来，水利部更加高度重视绩效管理工作。特别是 2021 年以来，李国英部长对绩效管理工作给予高度关注和重点部署，明确要求把预算绩效管理摆在重要位置，"花钱必问效，无效必问责"，专门强调党的十九大报告《中华人民共和国国民经济和社会发展第十四个五年规划和 2035 年远景目标纲要》对预算绩效管理提出明确要求，指出花钱的目的是把党中央决策部署落到实处，要把预算绩效管理强化起来，作为重要的安全防线，无效

要问责。水利部各司局和单位，在思想上、行动上要高度重视预算绩效管理工作，强化绩效导向，将绩效要求落实到日常工作的各个方面。

二、注重源头把控，夯实绩效管理基础

源头把控是保障预算绩效管理工作的首要任务，只有将源头把控好，才能够保证整项工作不走偏，执行更顺畅。绩效目标管理是全过程预算绩效管理的第一项工作，其编报质量对于整体工作至关重要。传统绩效管理工作更加关注事后的结果，更加看重预算绩效管理工作取得的成效，而较少关注最基础的源头管理。而预算绩效管理工作既包括事前、事中，又涵盖了事后，缺少任何一个环节，都会对预算绩效管理工作产生较大影响。正是基于这种考虑，水利部提前做好预判，将源头把控作为预算绩效管理工作的重头戏来抓，要求从一开始就在思想意识上给予高度关注，牢固树立绩效管理理念，将绩效与业务工作共同思考和研究。

在具体工作中，水利部除了构建共性预算绩效指标框架外，还根据具体情况建立和完善了各项支出符合目标内容、突出绩效特色的预算绩效指标体系。通过多轮研讨和研究，对涉及预算绩效管理指标体系中的经济效益、社会效益、生态效益、可持续影响等难点指标展开集中研讨，提出更为直接的、能够量化的具体实物成果；制定了预算项目定额标准，要求各单位必须严格执行；且规定业务标准必须与基本公共服务标准、预算支出标准等衔接匹配，突出结果导向，重点考核实绩，实现科学合理、细化量化、可比可测、动态调整、共建共享。同时，水利部修订印发《水利部预算项目储备管理办法》，明确在项目建议环节将绩效目标是否完整准确，是否全面真实、可量化、可考核作为项目储备审查的重要内容，实行一票否决。未通过项目建议审查的一律不得进入储备程序。

此外，水利部对预算绩效管理目标的审核不仅关注共性指标的设定，还重视个性指标的刻画。由于项目之间具有明显差异性，采用相同指标体系进行预算绩效管理工作显然并不合理，这就需要在构建绩效目标时，关

注个性差异，科学构建绩效目标和绩效指标。在批复预算时，要同步批复绩效目标，并将此作为最终绩效评价的重要依据。从原则上来看，预算绩效目标一旦确定，便不能够随意更改，一直保持至预算执行结束，以保证预算绩效管理的严肃性。确实需要调整的，应该根据相关要求，严格落实各项责任，逐层级合规办理。在具体工作中，水利部探索建立了项目支出共性指标体系，形成了格式较为统一的绩效目标指标。在共性绩效目标的设定中，对 12 个部门专用项目、55 个二级项目和 7 个通用项目分别设定了共性标准，并通过印发《水利部重点二级项目预算绩效共性指标体系框架（2017 版）》，使预算项目绩效目标指标能够更好地反映项目内容、经费安排、主要产出和实施效果等，为各项目单位编制绩效目标指标提供了标准格式。而在目标审核方面，也并不是采用单一审核制度，水利部实行的是预算绩效管理目标的三轮审核机制。例如，水利部在预算项目储备、预算编制"一上"和预算编制"二上"三个环节对绩效目标指标进行审核完善，重点审核绩效目标指标的完整性、规范性及合理性，绩效目标指标是否与单位职能、规划、预算相匹配，绩效指标值的设定是否易于采集、考核，以及重点项目绩效指标值年度间变动是否合理等，确保绩效目标指标的科学合理。

三、建立联动机制，财务业务齐抓共管

水利部不断加强绩效管理制度建设，印发了《水利部关于印发贯彻落实〈中共中央　国务院关于全面实施预算绩效管理的意见〉的实施意见的通知》《水利部部门预算绩效管理暂行办法》，构建了"财务搭台、业务唱戏，各司其职、齐抓共管"的工作机制。财务司会同业务主管司局建立健全预算绩效指标与评价指标体系框架，上报、批复绩效目标，牵头组织开展部门评价工作。业务主管司局发挥专业优势，研究提出本领域一级、二级项目预算绩效共性指标，审核、汇总形成本领域一级项目绩效目标、绩效监控和自评结果。各预算单位在广泛应用共性指标体系的基础上，结合

自身特点，补充完善个性指标，逐级开展绩效自评，汇总形成绩效自评表和试点项目自评价报告。

四、归纳梳理，形成全过程预算绩效管理思路

经过多年的实践与总结，水利预算绩效管理逐步形成了"预算编制有目标、实施过程有监控、实施完成有评价、评价结果有反馈、反馈结果有应用"的多层次、多时段绩效管理机制，使绩效管理工作贯穿于预算全生命周期，提高了水利财政资金使用效益。具体而言，"目标设置"合理确定了共性个性绩效目标指标，层层落实了绩效责任；"过程监控"强化了中期运行绩效监控，确保了序时完成绩效目标；"绩效评价"需要科学实施终期绩效评价，客观反映预算绩效；"评价反馈"及时分解了意见，注重结果反馈；"结果应用"强化了评价结果应用，切实提升了绩效管理水平。特别是 2017 年，水利部课题组选取七大流域机构及部分京直属单位，采取问卷调查、座谈交流、实地考察等多种方式开展深入调查研究，提出了绩效管理的上述思路，使绩效管理工作贯穿于预算全生命周期，形成了全过程水利预算绩效管理的新思路。

五、做深试点评价，示范推动全面绩效管理

早在 2012 年财政部发布的《预算绩效管理工作规划（2012—2015年）》文件中就已经对绩效目标管理提出了明确要求。围绕相关目标要求，水利部部门预算项目逐年扩大绩效目标管理范围，并成为首批财政部试点单位。伴随着试点的制度逐渐完善，水利部不断扩大绩效评价试点项目的范围，有效发挥了示范带动作用，以试点项目和单位整体支出绩效评价为发力点，组织开展深度绩效评价。事前夯实工作基础，制定评价打分体系，组织开展绩效培训及工作布置会，宣贯政策、提升技能、明确要求。事中加强监督检查，按照时间节点、质量要求跟踪评价进展，复核二

级单位评价结果，打捆汇总形成一级项目绩效评价报告，确保评价质量。事后通报工作情况，交流评价经验，反馈评价结果，强化结果应用，督促落实整改，将绩效评价结果纳入预算执行考核，与二级预算单位及其领导干部评先评优挂钩。

六、强化宣传培训，提升水利行业绩效管理能力

预算绩效管理工作并不是单一部门的事务，而是需要凝聚多部门共识，共同推进的一项工作，只有将多部门加以调动，才能够保障预算绩效管理工作顺利开展，保证提高财政资金使用效率。水利部每年都会对预算绩效管理工作的最新文件和法规进行专题学习、研讨，并定期开展多种形式的预算绩效管理培训和经验交流会，积极宣传预算绩效管理理念，增强各部门和成员的绩效管理意识。特别是当前处于信息化时代，水利部门充分利用网络平台，开展了水利财务管理信息系统建设工作，这不仅是水利系统预算绩效管理的创新，更为全国预算绩效管理工作提供了很好的借鉴，在此系统中，水利部将预算绩效管理作为其中一个模块，实现了资金全覆盖、全流程、全天候监控，也为实现水利预算绩效管理提供了技术支撑。

在实践过程中，为适应水利预算项目和绩效管理新形势、新要求，进一步提升水利预算项目和绩效管理工作，水利部适时跟踪、宣传财政部绩效管理相关政策文件、工作动态及经验做法。2020 年 11 月 10～12 日在北京举办 2020 年度项目和绩效管理培训，邀请了财政部监督评价局、财政部预算评审中心、审计署固定资产投资审计司、水利部财务司、工业和信息化部财务司、中国财政科学研究院、第三方机构等单位的领导和专家分别为学员授课、答疑。水利部所有二级单位近百名财务部门负责同志和业务骨干参加培训。通过培训，水利系统相关同志深入学习了党中央、国务院关于全面实施预算绩效管理的决策部署，了解了财政部、水利部关于预算绩效管理的最新工作要求，提升了绩效管理工作的能力。

七、注重评价和结果应用，提高资金使用效率

绩效评价是预算绩效管理的重要环节，也是下一阶段预算编制的重要依据，科学合理的绩效评价结果对于引导财政资金使用效率、确保财政资金产出高效意义重大。作为财政部预算绩效评价试点部门，水利部高度关注绩效评价结果和结果应用，不仅组织完成了水利部二级预算单位项目绩效自评工作，实现了中央财政拨款的所有部门一级项目和通用项目绩效自评全覆盖，还纳入了新的项目到自评范围中，比如政府性基金项目和基本建设类项目等，实现了绩效评价扩围升级。早在2012年，水利部就已经开始引入第三方评估工作，通过第三方机构的独立评价，使预算绩效评价结果更加客观，有效推动了水利部门预算绩效管理工作顺利开展。不仅如此，水利部还将第三方机构复核结果再交由专家组进行复核打分，有效保证了评价结果既符合项目发展实际，又能够科学客观地反映事实。在结果反馈和应用方面，水利部加强了绩效评价结果的应用，通过修订《水利部预算执行考核办法》，增加了对绩效目标的监管项目，更加注重绩效评价结果应用。在考核打分环节，覆盖绩效目标管理、执行监控、评价结果和应用等多个环节。同时，预算绩效评价结果不仅作为评判当年预算单位执行效果的标准，也要作为下一年度部门预算规模的重要参考，将这个结果与领导干部评先评优相挂钩，提高了部门领导的积极性和主动性，也增强了领导干部的责任心和使命感。

除此之外，水利部也加强了绩效监管的问责机制。问责机制的产生能够很好地推进政府职能转换，提高各级政府履职尽责能力和服务水平，预防领导干部失职失责行为的发生，及时化解由此产生的不良后果。对于项目预算绩效管理不好的单位或部门给予约谈并限期整改，进一步夯实监管力度。对于擅自调整绩效指标造成不良后果的给予通报批评；对于发现违法违纪线索的，移交有关部门查处，切实提升绩效管理水平。针对绩效评价发现的问题，水利部通过内网及时公开绩效评价结果，并将相关结果和

存在问题及时反馈给各单位或项目负责部门，使其能够第一时间看到评价结果。针对发现的问题，水利部也建立了自上而下的监督机制，敦促问题部门或问题单位查找原因，落实到单位和个人，确保绩效目标如期实现，提升预算绩效管理整体水平。

第三节　实践案例

在不断地探索和实践中，水利部及其直属相关部门在预算绩效管理工作中均取得了显著成绩，摸索出了适合自身的预算绩效管理模式。本书主要选取水文测报项目预算绩效管理和黄河水利科学研究院基本科研业务费预算绩效管理作为典型案例，为相关研究提供必要参考。

一、水文测报项目预算绩效管理

(一) 项目基本情况

1. 项目背景

水文是国民经济和社会发展的基础性公益事业，是防汛抗旱的参考，是进行水资源管理的前提和必要条件。水文测报是水文工作的核心业务，凡与水有关的经济建设活动和社会发展事业都必定要以水文测报成果为基础。做好水文测报工作，对支撑水资源可持续利用和保障经济社会可持续发展具有重要意义。依据《中华人民共和国水法》《中华人民共和国防洪法》《中华人民共和国水文条例》等有关规定，水利部设立了水文测报一级项目，组织开展全国七大流域的水文测验、水文情报预报、水文资料整编刊印、水文设施设备维修检定等工作。该项目是水利部主管的常规业务项目，具有基础性、公益性、日常性的特点，属财政专项支持的延续性项目，已组织实施多年。

2. 项目目标

通过项目的实施，确保全国重要江河流域年度水文测报工作顺利开展，全面掌握全国各大流域内各类实时水文要素，及时向国家防总、流域、省区内各级防汛指挥决策部门提供及时、准确的实时雨水情信息。制作发布各类水情、泥沙、冰情的预测预报信息，为防汛抗旱和水资源管理、治理开发、国民经济和社会发展、公共安全以及生态保护提供决策依据。

3. 主要内容

该项目主要工作内容包括：加强全国各流域水文测报业务管理，组织指导流域水文测验工作，提高水文测验质量，收集各类水文监测要素，深入分析国家重要江河流域的水文规律；组织指导流域水、雨情报收集，开展水文水资源分析与预报，为防汛抗旱和水资源管理服务；组织整理汇编全国各流域水文监测数据，并刊印发布，为流域防汛抗旱，流域水资源的统一开发、利用、管理和水资源环境保护提供水文信息和水文服务；做好水文设施设备维修检定，保障水文测验、水文情报预报作业、行业管理等水文工作的正常开展。

(二) 绩效评价工作情况及评价结论

为加强财政项目资金绩效管理，提高财政资金使用效益，根据《中华人民共和国预算法》《中共中央　国务院关于全面实施预算绩效管理的意见》等相关文件规定，水利部组织对水文测报项目进行绩效评价。

1. 评价范围和目的

本次绩效评价对水文测报项目的投入、过程、产出、效果等涉及的项目立项、业务管理、财务管理、项目产出、项目效益等进行全方位的总结分析。通过开展绩效评价工作，对项目财政支出的效率、效益进行客观公正的评价，以增强项目承担单位的绩效意识，促进其加强财政支出绩效管理，强化支出责任，提高财政资金使用效率。

2. 评价指标体系

指标体系总分值为 100 分，包括投入、过程、产出、效果 4 个一级指标，以及 6 个二级指标、17 个三级指标、47 个四级指标。投入指标（20分）主要评价项目立项程序、绩效目标设定、资金落实等情况。过程指标（25 分）主要评价制度建设及执行、质量控制、资金使用管理、财务监控等情况。产出指标（25 分）主要评价水文测验、水文情报预报、水文资料整编刊印、水文设施设备维修检定等任务完成情况。效果指标（30 分）主要评价项目实施在水文资料积累、防洪决策支撑、促进水资源可持续利用等方面的影响，以及数据使用对象满意度等情况。

3. 评价方法及实施

本项目绩效评价采取比较法、因素分析法和公众评判法等方法，在项目单位自评价、第三方机构现场复核基础上，综合得出项目绩效评价得分，并汇总形成绩效评价报告。首先，该项目涉及的八家项目单位根据财政部《财政支出绩效评价管理暂行办法》规定，使用水利部制定的项目预算绩效评价指标体系、评分标准和评分说明，组织开展了项目绩效自评价工作，撰写了项目绩效报告及自评价报告，报送水利部。其次，水利部委托第三方机构开展项目绩效现场复核工作。第三方机构经过前期准备、现场复核、专家组评价、形成复核结论等阶段，完成项目预算绩效复核工作，并将复核结果报送水利部。最后，水利部根据部所属二级预算单位提交的绩效自评价报告和第三方机构现场复核情况，综合得出项目绩效评价得分，并汇总整理形成项目财政支出绩效评价报告。

4. 评价结论

该项目绩效评价得分为 96.2 分，综合评价等级为"优"。评价认为，通过水文测报项目实施，完成了全国各流域水文测验、水文情报预报、水文资料整编、水文设施设备维修检定等工作，确保了全国重要江河流域年度水文测报工作的顺利开展，为防汛抗旱和水资源管理、治理开发、国民经济和社会发展、公共安全以及生态保护提供了决策支撑和技术支持。

（三）绩效评价指标完成情况

1. 投入指标分析

该指标分值 20 分，评价得分 19.6 分。该项目立项程序规范完整，论证充分；绩效目标设置与国家水资源管理制度相符，与水利部职能相关，与现实需求相符，关键指标设置明确合理；绩效指标设置较为量化，且指标分解较明确，绩效指标与绩效目标相匹配，资金预算分配合理；项目资金足额、及时拨付到位。但效益指标设置细化、量化程度需进一步加强。

2. 过程指标分析

该指标分值 25 分，评价得分 22.6 分。该项目管理制度健全；项目实施严格按照实施方案和批复的绩效目标组织执行，项目档案资料收集较为完备，能严格按照制度履行调整手续；水利部及各流域机构质量标准制定健全、完备，采取了有效的质量管控措施；项目财务管理制度完善，资金使用规范有效。但具体经济科目上预算执行与预算编制的一致性还需进一步提升。

3. 产出指标分析

该指标分值 25 分，评价得分 25 分。该项目较好地完成了预期的绩效目标，个别绩效指标超额完成；项目完成质量达到相应标准要求；成本消耗控制在预算之内。

4. 效果指标分析

该指标分值 30 分，评价得分 29 分。该项目的实施为流域综合规划、防洪减灾、水资源开发利用、水工程规划设计等提供了决策支撑和数据支持，产生的经济效益、社会效益及生态效益较为显著，上级管理部门及群众满意度评价较高。但量化绩效支撑材料的收集、整理工作需进一步加强。

二、黄河水利科学研究院基本科研业务费预算绩效管理

(一) 单位概况

1950 年 10 月，基于人民治理黄河的迫切需求，黄河水利科学研究院 (以下简称黄科院) 前身——黄委泥沙研究所应运而生，历经 70 多年的发展，现已成为以河流泥沙研究为中心的多学科、综合性科研机构，是全国水利系统非营利性重点科研单位。黄科院现有科研人员 450 余人，其中，专业技术人员占比 88%，研究生以上学历人员占比 65%，高级职称人员占比 53%。黄科院拥有大批水利行业专家，其中 10 余人享受国务院政府特殊津贴，多人获得国家百千万人才工程、中原学者、中组部联系专家、水利部 "5151 人才工程" 部级人选、河南省学术技术带头人 (555 人才) 等称号，是经国家人力资源和社会保障部、河南省博士后管理办公室批准设立的博士后科研工作站，与清华大学、河海大学、郑州大学等高校联合培养博士、硕士研究生 100 余名。

黄科院有大型试验厅 10 余座，总面积达 12 万平方米，配备 30 多个具有较完备设施的实验室，拥有先进的科研仪器设备 4000 余台 (套)，其中 "模型黄河" 测控自动化系统、神威 4000H 高性能计算机系统、人工模拟降雨系统、底泥声学综合探测系统等居于国际领先地位。

黄科院先后主持完成国家科技支撑计划、国家自然科学基金、省部级和黄委重大科技项目近 5000 项。1978 年以来，有 360 项科研成果获国家、省 (部) 级及黄委科技奖，其中 "黄河调水调沙理论与实践" "黄河水沙过程变异及河道的复杂响应" 等 22 项科研成果获国家级奖励，"小浪底水库淤积形态优选与调控的理论及关键技术" "黄河 '揭河底' 冲刷机理及防治研究" 等 126 项成果分别获大禹水利科技奖、水力发电科技奖、河南省科技进步奖等省部级奖励，"黄河泥沙资源利用关键技术与应用" "内蒙古重点河段凌情预报关键技术研究与示范" 等 212 项成果获得黄委科技进步奖。

（二）项目概况

黄科院为水利部所属公益性科研院所，2017~2019年度基本科研业务费项目经费共计3276万元，黄科院围绕水利科研事业和治黄中心工作，重点资助了一批具有基础性、前瞻性和创新性的项目，共计立项63项，形成了一批高质量的研究成果，为学科发展和黄河治理开发提供了有力的支撑。

（三）项目绩效评价过程

该项目绩效主要采用审阅资料、核对指标、访问调查的方式进行评价，具体包括：对2017~2019年度绩效评价资料进行审阅，对项目的管理人员及项目执行人员进行访问调查，对项目年度申报书、绩效目标表、中期检查报告及项目管理相关资料进行详细的阅读和审查，以复核是否真实有效、是否满足绩效管理需求。在此基础上，对本项目预算编制和执行情况、财务管理状况以及项目产生的效益、公众满意度等方面进行评判，全面评估项目目标实现程度。

（四）评价结果

通过认真审阅项目单位提交的相关资料，依据绩效评价指标，逐项进行对照分析，总体绩效评价得分93分，其中项目决策得分18.5分、项目过程得分19.5分、项目产出得分30分、项目效益得分25分（具体见表4-17），评价等级为"优"。

评价结果显示，黄科院项目立项依据充分，绩效目标设置明确合理，资金投入符合规定，项目单位组织机构健全，项目管理制度较为完善，财务管理规范。按照项目申报书的工作内容和进度要求，全面完成各项工作任务。项目成果的完整性、时效性和质量达到了年度绩效目标的要求，项目产出符合预期，取得了良好的效益，为黄河防洪、水资源管理、生态环境保护和治黄现代化建设等提供了科技支撑。

表4-17　2017~2019年度黄科院基本科研业务费项目绩效评价评分表

一级指标	分值	二级指标	分值	三级指标	分值	四级指标	分值	计划指标值	实际完成值	评价得分
决策	20	项目立项	16	项目立项规范性	6	立项程序规范性、完整性	3			3
						立项论证的充分性	3			2.5
				绩效目标合理性	6	与行业事业发展的相符性	2			2
						与职能、业绩的相符性	2			2
						与学科发展的相符性	2			2
				绩效指标明确性	4	细化、量化程度	2			1.5
						绩效指标与绩效目标的匹配性	2			2
		资金投入	4	预算编制科学性	2	科学论证及标准明确性	1			0.5
						与年度目标的匹配性	1			1
				资金分配合理性	2	分配测算依据	1			1
						与项目单位实际适应性	1			1
过程	20	资金管理	10	资金到位率	3	—	3			3
				预算执行率	3	—	3			3
				资金使用合规性	4	—	4			4
		组织实施	10	管理制度健全性	2	—	2			2
				制度执行有效性	8	制度履行有效性	3			3
						档案资料完备性	2			2
						保障条件落实情况	3			2.5

续表

一级指标	分值	二级指标	分值	三级指标	分值	四级指标	分值	计划指标值	实际完成值	评价得分
产出	30	产出数量	15	实际完成率	15	出版专著/译著（≥1部）	2	1	1	2
						发表代表性论文（≥90篇）	2	90	100	2
						获国家发明/实用新型专利证书（≥6项）	2	6	9	2
						获软件著作权登记证书（≥10项）	2	10	12	2
						培养研究生（≥2人）	3	2	2	3
						提交成果报告（≥58篇）	2	58	61	2
						学术交流会议次数（≥6次）	2	6	8	2
		产出质量	10	质量达标率	10	成果报告验收通过率（≥90%）	5	90	100	5
						获得国家、省部级后续项目资助（≥1项）	5	1	2	5
		产出时效	3	完成及时情况	3	项目按时完成率（≥90%）	3	90	90	3
		产出成本	2	成本节约情况	2	—	2			2
效益	30	项目效益	30	社会、经济、生态效益	6	推动学科发展与行业科技进步	3			3
						科技成果转化与应用	3			2.5
				支撑行业业务工作	10	指导性文件起草制定	3			2.5
						行业重大问题研究	4			3.5
						基础性工作	3			2.5

续表

一级指标	分值	二级指标	分值	三级指标	分值	四级指标	分值	计划指标值	实际完成值	评价得分
效益	30	项目效益	30	可持续影响	8	培养青年科技骨干人才（≥15人）	3	15	18	3
						科研创新团队建设	3			0
						学术组织任职	2		23	2
				满意度	6	上级主管部门满意度（≥90%）	3	90	95	3
						中青年学术骨干满意度（≥95%）	3	95	95	3
总分			100				100			93

第四节　存在的问题

从国际对比来看，我国预算绩效管理仍处于初级阶段；从国内各部门来看，水利预算绩效管理也仅仅不到 20 年的时间。因此，水利预算绩效管理仍然面临着许多预算绩效管理工作中的共性问题，与新发展阶段水利事业高质量发展的要求相比，水利预算绩效管理也面临着诸多本部门的个性问题。

一、预算绩效管理队伍建设仍需加强

预算绩效管理工作涉及面广、项目多、业务复杂，需要具备专业技术知识的人才队伍。具体而言，此类人才应该具备经济、管理、文化等相关专业知识，具备较高的业务素质和职业道德，能够胜任预算绩效管理工作，特别是在当前预算绩效管理不断深化的大背景下，以及信息技术发展迅速的时代，高素质的预算绩效管理队伍显得尤为关键，只有匹配更优秀的人才队伍，才能够保障我国预算绩效管理工作顺利开展。但是，目前来看，我国水利预算绩效管理队伍能力建设并不强，人员业务素质和整体能力与高质量推进水利事业发展的要求还有较大差距，难以全面掌握不同项目的运作和绩效知识。绩效管理要同时兼顾财务和业务两个方面，因此对专业知识的需求更高，只有不断强化学习和培训效果，才能够保障预算绩效工作有序开展。同时，预算绩效管理工作涉及的业务知识繁杂，不可能依靠某一个人或某几个人完成，而是需要一个强有力的团队支撑，才能够保障多项工作共同开展。但是，在实际运行管理过程中，水利预算绩效管理人员远远不足，部分人员也未受过专业的技能培训，更不具备扎实的绩效管理经验，对于突发性问题的处置能力偏弱，造成预算绩效管理工作时效性不强，最终完成水利预算绩效管理工作的质量欠佳。

二、绩效评价提质扩面面临较大压力

财政部高度重视预算绩效评价工作，从健全绩效评价法规制度体系、优化绩效评价工作机制、推动绩效自评提质扩面、探索建立第三方机构监管体系等多个角度推进绩效评价工作长足发展。但是，水利行业具有预算链条长、覆盖区域广、项目类型多、专业要求高等特点，水利预算绩效管理需要调动财务、业务及各项目单位等多方力量，多方配合，共同发力。而且，每年3月底或4月初报送绩效评价结果，在有限时间内提升绩效自评质量、扩大现场复核范围、加深复核深度等面临较大困难，绩效评价提质扩面压力较大。

三、预算绩效监控能力不强

首先，预算管理系统绩效汇总支撑仍待提高。水利预算单位级次多、数量大，绩效监控工作中自下而上汇总的工作量很大，由此产生了大量的数据资料，在水利预算绩效管理队伍并不健全的前提下，要完成复杂的预算管理工作显得捉襟见肘。而现有预算管理系统未充分设计数据打捆、分级汇总稽核模块。现阶段，绩效监控工作中一级、二级项目《监控表》仍主要靠人工层层汇总数据形成，信息化运用程度偏低，基础工作量较大。

其次，绩效监控结果应用需进一步深化。完善的绩效监控能够更加保障预算绩效管理工作有序开展，监控结果也可以作为评价预算绩效管理工作的重要依据，因此绩效监控尤为重要。但是，在实际工作过程中，项目中期绩效监控既是对本年度项目实施效果的跟踪，也是对项目管理、绩效管理水平的综合反映，绩效监控结果不仅要用于本年度项目管理，也要用于未来项目安排、管理提升等各个方面。为做好绩效监控工作，进一步提升监控效果，建议绩效监控工作适当延长，重视结果反馈应用环节。

四、绩效评价机制仍需进一步创新

在绩效评价深度和广度方面，财政部在扩大绩效评价范围的同时，选取部分项目开展重点绩效评价。未来时期，深度绩效评价将成为绩效管理的必然趋势。水利绩效管理具有单位层级多、资金链条长、项目范围广、专业性较强等特点，在有限的时间内，绩效评价工作很难做细做深，绩效评价的深度、广度、力度还有待提高。

在绩效评价指标体系动态更新调整方面，由于水利行业发展新要求、项目设置调整新变化等，非标准化项目工作内容年度变化明显，要求绩效目标指标也根据项目内容变化进行动态调整。同时，伴随着绩效评价工作不断深入，还需要进一步归纳提炼共性指标，逐步提高共性指标的权重，并补充完善个性指标，以更好体现水利项目的特点。

在结果应用机制方面，目前水利部已经建立了绩效责任落实和追究机制，将绩效评价结果作为预算管理、项目安排、单位评比、人事考核的重要依据。各单位对绩效评价发现的问题严格落实责任、限时整改。但对于绩效优秀的单位，相关激励机制仍未建立，绩效结果应用以罚为主。此外，部分项目成果转化应用有待加强。部分项目体量小、执行期较短，难以形成重大科技创新成果，且成果转化应用效果不明显，如水科院青年科学研究专项执行期为一年，较难系统深入开展成果转化与应用；部分项目科技成果转化与应用不够广泛，对行业科技进步的推动作用有待进一步加强。

五、绩效评价指标体系仍需动态完善

首先，数量化指标更容易受到社会经济发展现实、政策调整等的影响，变动幅度较大。但是，数量化指标的刻画和衡量需要依靠科学的设定标准，需要专业人员队伍界定。同时，在现实预算绩效管理实践过程中，预算绩效指标编报时间与实际业务开展时间存在矛盾和偏差，导致变化幅度较大。这主要是因为预算绩效指标的编报一般为当年 11 月，但是实际业务工作内容却要在第二年的部长会议上进行部署，这就形成了近 4 个月的时间差，在这期间绩效指标与实际工作肯定会存在不同，这种不确定性可能导致事前设定目标与事中实际存在偏差。

其次，效益指标不易设置目标值，定性指标不易刻画。其实不只是预算绩效管理指标设置过程中存在效益指标和定性指标不易刻画的难题，在任何评价类指标体系的构建过程中，定性指标的定量化一直以来备受争议。在实际工作中，水利部门多存在工程周期长、涉及部门广、监督内容复杂等问题，其预算绩效管理评价指标也多是社会效益指标、生态效益指标和可持续发展指标等定性指标，不易被量化，也就造成了表述不清晰，在绩效评价环节难以证明，不利于开展相关指标评价。

最后，满意度指标取证难，采用反向指标证明资料收集困难。满意度指标一直以来是各类指标评价体系中最难以客观、公正评判的指标。由于满意度指标的服务对象是上级部门或受监督检查的水利建设与管理的实施单位，在设置相关指标时，无论是正向指标，还是反向指标，都将预算年度内的工作内容作为相关材料进行佐证，工作量较大，采取百分比的形式进行刻画存在困难，也会造成部分内容刻画不全面，尤其是在基数样本的收集和选取上，不易取得数量合理、证明力强的佐证资料。

| 第五章 |

国外绩效管理经验借鉴与启示

西方国家的绩效预算管理经历了一个不断发展完善的过程，我国的预算绩效管理改革历程深受西方国家理论和实践的影响。梳理各国尤其是西方发达国家的绩效管理的发展历程和特点并进行比较分析，对丰富和完善我国特色的预算绩效管理体系会有很大的帮助。近年来，我国预算绩效改革的力度不断加大，取得了阶段性的改革成果，但与西方发达国家全方位、全过程和全覆盖的绩效管理体系相比仍有一定的差距。因此，在继续推进我国预算绩效管理改革的过程中，对较早进行绩效管理改革的国家和国际组织进行梳理和分析，充分借鉴预算改革先驱国家的经验教训，在借鉴其成功经验和吸取教训的基础上，充分、全面地认识和分析绩效管理，将能够更好地指导新发展阶段我国的预算绩效管理改革实践。

第一节　发达国家绩效管理典型做法

西方发达国家经历了长时间的绩效管理改革实践，形成了各具特色的绩效管理理念、方法和实施模式，形成了多样化的绩效预算管理体系。本节选取了英国、美国、加拿大、澳大利亚和世界银行五个在绩效预算领域具有典型代表性的国家和国际组织作为比较对象，详细介绍了各个国家绩效预算管理的发展历程、主要内容和主要特点，以期为中国全面实施预算绩效管理提供理论和实践借鉴。

一、英国绩效预算管理改革历程及主要特点

英国是政府绩效管理改革最具代表性的国家，目前形成了较为系统、

有效的政府绩效管理体系。英国绩效预算管理改革的特点是与政府绩效管理紧密结合，以 20 世纪 70 年代撒切尔政府的绩效改革为起始，经过 40 多年的发展，逐步形成了较为完善的预算管理绩效体系。

（一）英国绩效预算管理改革的历史进程

20 世纪 80 年代初，英国面临着日益复杂严峻的国内外形势，政府的财政压力和债务负担日益增大，为了降低债务风险和解决政府管理混乱低效和责任不清等问题，英国历届政府进行了强调以公众权利为目标和市场化为导向的持续性的政府行政改革运动，对政府公共财政资金的使用进行了规范管理，并且积极探索了提高政府财政资金使用效率的多元化途径。英国的政府绩效管理改革的实践大致可以分为以下几个阶段：

1. 撒切尔政府—梅杰政府的绩效预算改革

（1）撒切尔政府绩效预算改革。1979 年，撒切尔政府以提高政府机构运行效率和财政支出效率为目的，开展了一系列的政府绩效改革运动。撒切尔政府通过引入私营部门的管理方法和技术展开政府的绩效评估，提升政府的绩效水平。主要改革措施如表 5-1 所示。

表 5-1　撒切尔政府绩效改革主要举措

年份	举措	主要内容	意义
1979	雷纳德评审计划	设立"效率工作小组"对政府业务运作情况进行全面审查，制定切实有效的政府效率提升方案	促进了政府绩效理念的形成
1980	部长信息系统	环境大臣赫素尔廷建立了一整套集目标管理和绩效考评于一体的信息收集和处理系统	在充分收集绩效目标、绩效跟踪和评估数据的基础上，运用企业管理的技术手段，为决策提供支撑
1982	财务管理新方案	一是建立高层管理系统；二是进行目标陈述；三是进行绩效测量；四是进行分权和权力下放	在公共部门推广应用绩效评价制度取得了显著成效

年份	举措	主要内容	意义
1988	下一步行动计划	设立执行机构，将执行过程和决策机构分离；扩展高级文官的来源渠道；决策机构与执行机构签订契约合同，明确双方责任；对执行机构进行定期考核并反馈结果；建立绩效奖惩制度	表明英国政府更加注重政府机构执政的结果。绩效理念渗透到公共部门实践中，推动了英国绩效管理改革的纵深发展

（2）梅杰政府绩效预算改革。针对撒切尔政府在绩效预算改革中仅关注效率而忽略公共服务质量的问题，梅杰政府发起的"公民宪章运动"将行政绩效改革的重点放在了提升政府部门所提供的公共服务的质量上。"公民宪章运动"主要针对的是难以界定权力边界的公共服务领域，主要是对政府部门内的公共服务内容，比如服务的标准、服务的时限和责任分配等进行公开说明，然后接受公众的公开监督，从而达到改善政府部门服务质量的目的。另外，梅杰政府还开展了"竞争求质量运动"。这项运动强调的是，提升公共服务质量的关键是制定竞争机制，通过打破国有企业垄断、进行经济管制和引入市场检验等方式来确定公共服务最佳提供方式，从而降低公共服务成本和提高公共服务质量。

2. 布莱尔政府时期的绩效预算改革

从布莱尔政府开始，英国的绩效预算改革开始进入新时期，绩效预算管理框架体系开始逐步完善。布莱尔政府主要采取的政策举措如下：

（1）出台《综合支出审查法案》。要求：一是各部门都要全面审查本部门的预算和支出；二是在设定财政支付上限额度的前提下，各部门在提交预算的同时要制定未来三年的财政支出总体方案；三是各部门应与财政部签订《公共服务协议》（PSRS）作为制定部门绩效目标和审查部门支出的重要证据；四是部门应开展年度预算支出绩效评价，编制《部门年度报告》和《秋季绩效评价报告》汇报本部门的绩效目标完成情况。

（2）签订《公共服务协议》。《公共服务协议》实质上是由财政部和各部门签订的一项绩效合同。财政部通过协议确定各部门的绩效任务、可量化的绩效目标，作为部门绩效预算评价的重要依据。其主要内容是：①宗旨，主要是对本部门职责进行总体描述；②目标，主要是在战略目标基础上细化分解具体目标并排序；③绩效任务的描述；④技术解释，说明绩效目标的具体测度方式；⑤责任人声明；等等。

《综合支出审查法案》和《公共服务协议》首次全面系统地建立了政府部门的整体目标和绩效目标之间的关系，提出了全面审查政府支出和预算的要求，建立三年期财政支出计划避免政府支出的短视行为，系统体现了政府预算管理的结果导向，奠定了英国绩效预算制度的基本框架。

3. 卡梅伦政府及之后时期的绩效预算改革

卡梅伦政府提出了以"业务计划"为中心的预算管理模式。与《公共服务协议》相比，部门业务计划更关注提升财政资金的使用效益，按照绩效目标的优先级次序进行预算资金分配，并通过公布执行计划、公开绩效评价信息的方式加强公众对预算过程的监督。2010年以来，英国政府强调在保持公共服务质量的同时减少赤字。2015年，内阁办公室和财政部推出单一部门计划（SDP），旨在阐明部门绩效目标，鼓励依据目标确定支出优先次序，建立明确的问责制并改进政府监督绩效的方式。同时，SDP的公共绩效总结会提供给公众，以帮助公众跟踪关键绩效评价结果的进展情况。2015年，英国政府还组建了一个跨部门的公共部门效率小组（PSEG），专门开展支出审查工作。2018年，英国政府宣布通过一系列试点开始试用新的公共价值框架，并将该框架作为实现公共支出价值最大化和改善公共服务成果的实用工具（见表5-2）。

表5-2　英国公共价值框架简述

支柱	重点
追求最终目标	确定公共部门的总体目标是什么以及如何监督目标的实现
管理投入	评估公共部门的基本财务管理
用户和公民参与	强调让纳税人相信支出的价值以及吸引服务使用者的重要性
开发系统能力	强调系统的长期可持续性和管理的重要性

这一框架的重要作用是改变绩效文化，因此当前英国政府致力于将其整合到围绕公共支出开展工作的财政部门和其他部门之间以及各部门内部的持续对话和工作流程中。各部门之间应该是协作的，财政部门应同相关部门、其他专家共同成立联合小组，并建立共享数据库，从中了解每个支柱内的事项进展和决定提高绩效的行动。

（二）英国绩效预算改革的主要特点

随着英国政府绩效改革的深入推进，政府绩效改革所需要的各种制度条件不断改善，财政的透明度不断加大，绩效管理理念和认识不断成熟，分权管理制度不断推进，比较突出的特点是对财政预算的控制明显向结果导向倾斜，从而形成了具有英国特色的绩效预算管理内容体系。

1. 建立中期财政规划

中期财政规划一般是实行三年的滚动财政预算，从而加强了战略规划与财政预算之间的联系。为了提高公共财政支出的稳定性和准确性，从三年财政支出滚动预算的制定开始，确定各部门每年的财政支出预算和资金数额，一般不让各部门另外追加财政预算资金，从而限制了各部门获得额外的资金来源，有效降低了各部门对于有限财政资源的争夺，让各部门将主要精力放在加强绩效管理上。同时，可以让政府从动态的财政支出预算中把握总体的规划与近期和中期的目标。另外，还可以根据前期预算的执行结果情况，对规划和目标进行不断的调整或修订，并对预算进行相应的调整或修订，从而使目标规划同预算相适应，使预算的指导和控制作用得到充分发挥。

2. 分权和统一管理相结合的绩效预算管理模式

英国在统一管理的基础上赋予了各部门较大的自主权和灵活性，提高了绩效预算的执行效率。比如说，英国财政部与各部门签订的《公共服务协议》一方面是通过合同的方式确定各部门的绩效目标和绩效任务，并对各部门每年的支出计划形成总额限制进而统一管理；另一方面，《公共服务协议》又给予了各部门制定绩效评价指标的自主权，使各部门可以根据自身的部门职能特点、战略目标等设立合理的评估指标；同时，给予了地方政府在财政资金使用、监控等方面的自主权，从而使执行部门可以根据自身需要灵活调整，进而提高资源的配置使用效率。

3. 建立完善的绩效预算指标体系和评价结果反馈机制

绩效评价制度作为英国政府公共管理和财政支出绩效预算管理的重要制度，是英国政府为了全面衡量绩效预算建立的包括产出、投入、效率和成果四个方面的指标体系，根据这四类指标评价结果获得各部门预算支出绩效的实现情况，从而与下一年度的财政支出预算相结合。在绩效评价制度有效实施的过程中，各部门财政支出绩效评价的结果得到了充分的应用：一是使各部门根据每年的绩效报告结果对其自身三年的总收支计划进行相应调整或修订，从而成为政府调整长期经济目标和计划的重要依据；二是成为财政部对各部门制定未来各年度预算的重要依据；三是成为议会和内阁等对各部门进行行政问责的重要基础，从而推动了政府责任制度的落实和推行，提高了政府各个部门的工作效率；四是使各部门接受议会和公众的外部监督，能够促进政府部门提供更好的公共服务。

4. 开展绩效审计，强化绩效预算监督

目前，在国际上能够较为成熟地开展绩效审计、有较高管理水平的国家就是英国。英国的议会公共支出委员会下设专门的国家审计署负责政府各部门的绩效审计。国家审计署会针对财政资金的使用效率进行绩效审计，每年有50%左右的审计业务属于绩效审计，共审计50~60个部门，向议会提交绩效审计报告，由议会最终研究部门的绩效考核结果。各部门都要在每一预算年度绩效审计结果出来之后，根据各自的预算执行情况提交部门的年度绩效报告。绩效审计成为了绩效预算的一项重要制度内容。

二、美国绩效预算管理改革历程及主要特点

美国也是国际上较早进行绩效预算管理改革的国家。美国政府公共管理改革的重要内容之一就是绩效预算管理，形成了一种根据政府服务目标

来进行财政资源配置和提供公共服务项目的预算制度，从而形成了一种较为系统、完备的绩效预算体系。

（一）美国绩效预算管理改革的历史进程

美国的绩效预算经历了起源探索、发展改革和成熟完善三个阶段，并伴随着预算管理制度的演变，实现了从"绩效预算"到"新绩效预算"的跨越式发展。

1. 绩效预算起源和探索阶段（20世纪初到60年代）

美国是1906年在纽约市政研究院的指导和推动下，开始对绩效评测进行研究和推行，将科学的管理方法和经济准则引入了政府的管理过程中。最早体现"绩效预算"理念是在其《改进管理控制计划》的报告中，这成为美国现代政府预算制度的标志性开端。1921年，美国颁布的《预算和会计法》（*Budgeting and Accounting Act*）要求在财政部内部设立预算局，对各级政府部门的拨款需求进行集中协调，同时设立了独立的审计署全面负责政府的审计工作。该法案强调了预算与行政活动的紧密性，形成了美国现代预算制度的基本框架。20世纪30年代的经济大萧条导致日益严重的财政赤字危机，注重产出成为了美国绩效预算改革的新方向。

2. 绩效预算的发展改革阶段（20世纪60~90年代）

20世纪60~90年代，美国的绩效预算制度经历了计划项目预算制、目标管理制和零基预算制几个阶段。20世纪60年代约翰逊执政时期，美国国防部开始实施计划项目预算制，主要是对规划制定、项目计划和年度预算编制三者的联结机制进行了研究。70年代尼克松执政时期，主要推行的是预算目标管理制度，更加强调战略规划体系的构建，《联邦政府生产率测定方案》是这一制度的代表性政策。零基预算是在卡特政府时期推行的，主要是每一年都通过比较预算项目的支出成本方案，评价预算项目实施的合理性和资金使用的有效性，并不考虑基期的相关因素。这一阶段，美国政府围绕财政绩效管理进行了各种各样的尝试。

3. 新绩效预算时期（20世纪90年代至今）

20世纪80年代，新公共管理理论产生并不断发展，其核心理念——注重结果、以顾客为中心等内容，深刻地影响了绩效预算的实践。"再造政府"的口号是在克林顿政府时期提出的，绩效预算改革再次成为焦点。政府专门成立了国家级的评估委员会撰写和发表了《戈尔报告》作为政府改造活动的行动指南。另外，美国的《政府绩效成果法案》是世界上第一部为政府绩效专门制定的法律。其规定了绩效预算执行中各联邦机构应提交的三大内容：战略规划、年度绩效计划和年度绩效报告。其中，战略规划是基础，绩效计划是实现战略目标的重要路径，绩效报告是绩效计划执行结果的最终体现（见表5-3）。

表5-3 《政府绩效成果法案》的主要框架

基本要素	要求	主要内容
战略规划	要求各联邦机构向总统提交本部门的战略计划，战略计划至少覆盖未来5年，并至少每3年修订一次	一是陈述本机构的使命；二是确立本机构的整体目标和分目标；三是确定目标实现路径；四是将绩效目标编入战略规划；五是识别外部关键因素；六是拟评价项目的概述和时间确定
年度绩效计划	各联邦机构应向管理与预算办公室（OMB）提供覆盖整体预算的年度绩效计划	一是建立绩效目标；二是尽量采取客观可测量的指标陈述绩效目标；三是阐明实现绩效目标所需的操作过程、技术手段和资源列表；四是建立绩效指标进行绩效评价，包括产出和结果评价；五是将实际项目活动同绩效目标进行对比分析；六是说明技术手段和工具
年度绩效报告	每个联邦机构在一个财政年度结束之后向总统和国会提交上一年度的绩效报告	一是陈述年度绩效计划中的绩效目标，并将绩效目标和实际结果进行比较；二是对未达成目标的原因进行说明，并给出未完成计划和进度安排

2001年，为进一步推广绩效预算管理，提高联邦政府的行政效率，小

布什颁布了《总统管理议程》，核心是结果导向。奥巴马政府时期，将绩效预算改革同现代化的信息技术相结合，并重视绩效信息的整合分析和在决策中的应用，对绩效预算做了进一步应用。

（二）美国绩效预算管理改革的主要特点

美国在绩效预算管理改革方面形成了较为完备的法律制度框架，绩效评价方法不断向科学化方向发展，绩效信息的运用与公开不断被推进。其主要特点如下：

1. 建立绩效预算的法律制度框架

美国先后出台的《政府绩效成果法案》和《总统管理议程》是其实施绩效预算的法律制度先导，形成了绩效预算的主要框架。美国新绩效预算改革能够成功的一个主要原因在于将绩效预算以法律法规的形式确定下来，保障了绩效预算的合法性。而且，美国绩效预算推广的过程显示，即使已经具备了对应的法律基础，美国仍采取了试点—总结经验—调整—推广的改革思路。美国的绩效预算法律体系体现了循序渐进、与实践紧密结合和不断完善的特点。

2. 绩效预算推广过程中技术工具的多元化运用

首先是项目等级评价工具，它是将"项目"作为分析和评价的基本单位，根据评价项目的不同内容和特点，将其分为七大类，对联邦政府的所有项目进行绩效评价。其次还有针对部门评估的"红绿灯"系统、平衡计分卡工具以及后期的优化绩效目标等工具。

3. 加强绩效信息的运用与公开

奥巴马政府为了解决绩效信息在管理决策中应用不足、绩效信息缺少公开渠道等问题，提出了三大相互强化型的绩效管理战略，比如形成了利用绩效信息引导、学习并改善结果的导向，从而推进了绩效信息的公开和在管理决策中的应用。

三、加拿大绩效预算管理改革历程及主要特点

加拿大联邦政府从 20 世纪 70 年代起就开始探索绩效导向的预算模式，开启了一系列旨在提高绩效预算的改革，经过多年发展，2007 年建立起了以国家战略计划为引导、以公民支出优先性为依据、以预算结果为目的的绩效预算管理体系。

(一) 加拿大绩效预算管理改革的历史进程

加拿大绩效预算改革涉及的内容比较多，主要体现在相关法律体系的不断完善和创新性方法的运用上，比较有特色的是以绩效为导向的多元化的绩效预算改革措施。

1. 20 世纪 80 年代初的信封预算

20 世纪 70 年代末，随着社会经济的发展变化，加拿大政府认为当前的政府管理决策和财务支出体系已经不能适应这种变化，需要在财政限制下制定计划来进行财政管理体制改革。为了满足节约和改善管理决策过程的需要，著名的信封计划得以出台和推广实施。这是最具加拿大特色的绩效导向的预算改革模式。

信封预算的突出特点是加强了政府政策与财政预算的联系，根据政府的政策目标计划来对财政预算进行分配，从而保证能够使有限的财政资金用在政府最急需的项目上。内阁委员会设置两个决策系统——预算领导委员会和信封委员会进行新政策的制定和批准。预算领导委员会的主要职责是制定全面的支出优先性计划。信封委员会负责处理具体的政府事务，如农业、教育和国防等领域的政府优先事务。信封委员会还配备运作储备和政策储备两个储备金系统。

信封系统的优点是能够最大限度地将有限的财政资金用于政府政策最重要的事项上，提高资金使用效率。最具特色的政策储备金制度也能够最大限度地激励创新。信封预算系统的缺点是过度依赖顶层财政制度框架的

设计，一旦决策失误就会引致极大的政策风险。

2. 20世纪80年代后期的《部门权力和责任强化法案》

《部门权力和责任强化法案》针对信封预算系统权力过度集中在上级部门的缺点，将更多的行政事务决定权赋予各个具体的支出部门，各个支出部门还能够对获得的财政资金进行二次分配，提高了支出部门的支出自主权。同时，各部门部长也要承担相应的预算支出绩效责任。各部门会与财政委员会签订谅解备忘录，从而使各部门通过获得稳定的资源并增加资金使用灵活性来达到预期的绩效水平。

3. 20世纪90年代的项目审查

20世纪90年代后期，项目审查被作为解决加拿大日益严重的财政赤字问题的重要工具。项目审查要求对所有的政府项目进行评审然后再立项实施。首先，成立了内阁高级部长委员会，要求必须在未来的财政预算计划中做出削减部分支出的计划，并由各部门部长向委员会进行汇报，从而尝试形成财政总额控制和削减支出的机制；其次，各部门部长在接受上级部门政策指令的前提下，对本部门内的各项支出和项目进行基础审查，同时接受国库委员会秘书处和财政部的持续审查监督，并向委员会成员提供建议和批评性评论。

4. 2007年以后的支出管理系统

项目审查主要是一种削减部门支出的预算工具，但财政纪律主要依靠财政部长个人权力推行，自由派政府并没有对预算过程做出结构性调整，加拿大的预算赤字的根本问题没有得到解决。为了解决财政赤字问题，加拿大2007年开始推广支出管理系统，目的是在确保政策和项目相匹配的前提下，提高项目资金的使用效率。首先是结果导向的管理。各部门采用生命周期技术界定项目支出的预期目标、预期绩效和绩效标准，从而改进决策的制定，并公开接受公众监督。其次是界定测量标准。所有新的政府支出界定测量标准并给出严格的支出建议，同时探索最优化的项目融合路径。最后是进行持续的项目评估和审查。审查所有的直接项目支出以确保项目效率，每个项目都有一个四年周期的常规性审查。支出管理系统突出了国家战略和优先性，重视政府支出优先性和履行核心责任在预算分配中的重要引导作用。

（二）加拿大绩效预算管理改革的主要特点

1. 厘清预算参与方权责关系，构建完备的绩效预算主体系统

不同时期政府的政策目标不同，加拿大绩效预算系统改革的侧重点也不同，会根据需求不断调整预算上下级部门之间的权责关系。《部门权力和责任强化法案》更多地赋予了各部门财政支出的自主权，但同时也强化了各部门的支出责任，确保各部门事前支出的责任绩效目标能够实现，同时形成了委员会与各部门之间的一种谅解备忘录的协商机制，从而实现预期的绩效水平。

2. 完备的信息报告和公开制度

完备的预算报告和公开制度对绩效预算改革具有实质性的推进作用。加拿大的全面审查制度一方面要求每个项目都要开展四年一周期的常规滚动审查，能够准确地追踪项目执行和实施绩效，同时也为新项目的开发提供了政策储备金；另一方面，全面审查制度是对所有的项目进行常规审查，能够与政府的政策目标进行紧密衔接，满足战略需求。

四、澳大利亚绩效预算管理改革历程及主要特点

澳大利亚在 20 世纪 70 年代末就开始实行控制支出规模的各种改革，但直到 90 年代末才明确以产出和结果为导向的绩效预算改革，并在产出和结果管理方面取得了明显的进展。

（一）澳大利亚绩效预算管理改革历程

澳大利亚的绩效预算管理改革历程是与政府权责关系分配、权力下放的历史背景相匹配的。整个绩效预算管理改革的历程大致经历了以下三个阶段：

1. 权力下放阶段

澳大利亚的绩效预算管理改革的重点在 20 世纪 90 年代之前都是在厘清中央和地方的权责关系上，主要是向下级部门赋予更多的自主权，从而降低中央政府对于财政支出的把控，带动下级部门的工作积极性。比如，成立专门的政府支出审议委员会负责对财政支出进行审议发放，财政部不再负责审批财政支出，而是就政府执政的核心责任向审议委员会提供四年的中期预算；同时强调预算支出绩效结果的重要性，并将现代化信息技术融入绩效预算管理的过程中，提高信息获取和分析的质量。

2. 加强财务管理阶段

20 世纪 90 年代中期开始，澳大利亚开始加强对财务的管理，主要表现为颁布了一系列法案，比如《财政管理及问责法案》《审计长法案》等，减少了对各部门在财政资金使用上的具体限制，但要求各部门负责人对财政资金使用绩效负责，同时引入了业务考评计划和评价体系，同时进行项目事前和事后绩效评价。

3. 注重结果阶段

1999 年，澳大利亚起草并颁布了《公共服务法》，界定各部门拥有的自由裁量权和责任，目的是提高财政资金的使用效率，使服务成效最优化。2000 年，联邦政府将权责发生制计入绩效预算改革，使政府活动的全部成本能够反映在预算中，从而为以结果为导向的绩效预算发展趋势奠定了基础。同时，加强战略规划和绩效目标之间的联系，根据政府未来三年的战略规划编制政府预算，预算指导框架作为财政部门和其他部门制定绩效目标的依据，并具体分配到下属各单位。

(二) 澳大利亚绩效预算管理改革主要特点

1. 实施全面的单个项目评价和部门绩效评价

20 世纪 90 年代中期，澳大利亚开始全面对单个项目进行绩效评价。项目绩效评价成为项目资源分配和责任界定的判断依据。项目绩效评价的类型多种多样，比如对项目适当性的评价、对项目效率效果的评价等。单

水利预算绩效管理实践探索与改革路径研究

个项目绩效评价逐渐发展成部门绩效评价。部门绩效评价是将整个部门作为绩效预算的评价对象，依据以公众需求为导向的政府总体目标，界定分部门的具体目标，然后各个部门根据具体目标编制本部门的财政预算，并最终对本部门财政预算的实施效果负责，是公共服务绩效评价体系的重要组成部分。

2. 注重绩效信息的深度管理和应用

澳大利亚绩效预算改革的一个重要特点是高度重视和充分挖掘绩效信息的价值。联邦政府内阁、议会会根据反馈的绩效信息分配未来的财政资源，并对财政资源分配进行公开，接受公众的监督和建议；负责具体事务的各个部门会根据绩效信息的反馈，对本部门执行过程中的薄弱环节和项目设计的欠缺之处进行查漏补缺，优化财政资源的配置，最终提高结果信息质量和使用成效。

五、世界银行绩效预算管理新进展

国际组织在推动全球绩效预算改革过程中扮演着不可或缺的重要角色。自20世纪七八十年代开始，主要的国际组织在国际援助项目、国家层面的绩效预算等领域积累了很多经验，开展了很多帮助各国推进绩效预算改革的项目。

(一) 世界银行新一代绩效预算框架

世界银行通过对目前正在开展绩效预算改革的主要国家的改革实践进行评估分析，提出各国普遍面临十大挑战，包括能力、信息、管理流程、公务员行为等核心维度。目前各国普遍面临的挑战是绩效管理能力不足和信息过载，主要问题是如何进一步明确绩效预算改革的目标，以更好地回应公民期望。世界银行以问题为导向提出了新一代绩效预算框架（见表5-4）。

表 5-4　新一代绩效预算框架

问题	传统绩效预算	新一代绩效预算
从哪儿开始	报告绩效预算的要求	强调最关键的服务提供领域和战略优先事项
有什么期望	改善预算流程是政府范围内引入绩效管理的主要动力	预算过程的变化是综合绩效管理工具包的一部分，旨在改变公共部门的态度和激励政策，与支持绩效导向的其他改革步调一致
使用预算数据的时间和地点	理论上应用于编制预算和年底绩效评价时，但在实践中很少应用	用于多个决策点，不仅在预算编制期间，而且在全面的管理和政策制定实施过程中，如定期支出审查
谁是最有可能的使用者	预算官员	职能部委的项目经理
需要哪些行政能力	通常假设行政能力和规范已经符合要求，但实际上存在相当大的行政缺陷	使绩效预算与部门绩效能力和需求保持一致
改革的时间路线是什么	短期要求：优先考虑短期目标，通常会放弃个别的改革举措，将其替换为类似的举措	长期要求：在改革努力和基于经验的渐进适应性变化中重视一致性

（二）新一代绩效预算框架特点

世界银行新一代绩效预算框架揭示了传统绩效预算的局限性，并明确了绩效预算改革的核心目标是更为关注公民的期望和诉求。世界银行实施的新一代绩效预算的主要特点包括五个方面。

1. 制定明确的绩效预算改革的目标

在开始绩效预算改革之前，政府应该花时间明确其目标和期望。各地区应根据自身实际情况制定明确的目标。改革目标应该充分考虑本地区的行政文化、公民期望等。政府需要对实施绩效预算改革的困难和所需要的投资有预估，否则最终会导致改革目标与所需支持不匹配。

2. 确保管理绩效预算的能力到位

绩效预算需要确保职能部门有足够的绩效管理能力，特别是多年度预算管理的能力，预算编制与财务报告系统需要能够适应绩效计划。理想情况下，完全的权责发生制会计系统可以将实际成本而非现金支出与产出和绩效相匹配。如果绩效预算的目标是将更多的责任和预算权力下放给地方，那么绩效预算需要更好的内部管理能力。在规划绩效预算改革和设定改革期望时，需要充分考虑这些相关的能力因素，确保管理绩效预算的能力到位。

3. 通过其他改革支持绩效预算

绩效预算如果能成为政府广泛推行的更加注重绩效文化的全面改革的一部分，则更有可能成功。为了使绩效预算能够很好地运作，人力资源管理系统需要识别并鼓励良好的绩效，监测和评估系统需要提供有意义的分析，数据收集和报告系统需要做到及时可靠，审计流程需要能够验证绩效报告。因此，进行更广泛的改革，使多项改革同步推进，是提升绩效预算成功率的重要途径。

4. 避免信息过载

各国引入绩效预算时的常见行为是在预算编制时创造结构复杂的绩效指标，而实际上绩效预算改革真正取得效果的国家的预算编制流程是相对简化的，指标数量是在稳步减少的。因此，尽量简化绩效指标，避免信息过载是实施新一代绩效预算的关键。

5. 定期讨论绩效

基于绩效的预算是一项系统工程，通常需要付出很长时间的努力。在现实改革进程中，绩效通常在年底才会被提及，这不利于绩效改进。管理人员应该在一年中定期审查和讨论绩效报告，以便及时进行必要的绩效更正。

第二节　对我国水利预算绩效管理的启示

为进一步提高我国水利财政资金的使用效率，提升预算管理水平，可以借鉴其他发达国家预算绩效管理改革的理论和实践经验，为有效推进我国预算绩效管理改革提供参考。

一、加快预算绩效管理的立法进程，为预算绩效改革提供法律支撑

国外预算绩效管理的鲜明特点是不断地完善与绩效预算相关的法律法规体系，因为只有法律法规才能为绩效预算改革的推广和实施提供合法性和权威性的保障。因此，我国应加快预算绩效管理的立法进程，对与绩效有关的法律法规进行起草、修订和完善，如此才能顺利、全面地开展预算绩效管理。近些年来，我国的预算绩效管理相关的法规政策相继出台落实。比如，财政部于2011年下发了《关于推进预算绩效管理的指导意见》的通知，成为指导我国预算绩效管理改革的行动指南。另外，我国在2014年对《预算法》进行了修正和完善，主要是进一步明确了要对公共财政进行公共预算绩效管理。同年，国务院下发了《关于深化预算管理制度改革的决定》，为全面推进预算绩效管理工作提供了行动方案，要求各级预算单位和财政资金都要进行预算绩效管理。然后，国务院在2018年下发了关于《中共中央　国务院关于全面实施预算绩效管理的意见》的通知，要求形成全方位、全口径的预算绩效管理格局。2019年、2020年也出台了一系列与预算绩效管理改革相关的多项制度、办法。

与此同时，水利部为了进一步对水利预算资金进行规范化管理，提高资金的使用效率和效益，也相继下发了一系列政策文件。《水利部中央级预算管理办法（试行）》是水利部第一份关于预算管理的规范性文件，目的是提高水利资金的使用效益。然后，水利部在2018年又印发了《中共中央　国务院关于全面实施预算绩效管理的意见》的通知，希望形成完善的水利预算绩效管理体系。但总体来讲，水利的预算绩效管理尚处于起步阶段，在认识深度、制度构建和具体实施等方面都还存在问题。因此，应该充分借鉴国际经验，进一步完善水利部预算绩效管理方面的法律法规体

系，为水利部预算绩效改革的具体实施提供法理基础和法律支撑。

二、进一步深化预算管理改革，健全系统、规范的管理制度

我国在 2018 年印发的《中共中央　国务院关于全面实施预算绩效管理的意见》中指出，要实行全过程的预算绩效管理，具体包括事前评估机制、绩效目标管理、绩效运行监控、绩效评价和结果应用等。与西方国家的绩效预算管理过程相比，我国在水利预算绩效管理体系的完善上还有一定的差距。因此，水利部和相关部门要进一步深化和推进预算绩效管理改革，同时加强投入控制和接受公众监督，提高财政支出的有效性，为长期的预算绩效改革奠定良好的制度基础。

三、逐步形成完善的绩效评价体系，推进现阶段的预算绩效管理

预算绩效的重要组成部分之一就是完善的绩效评价体系，这也是我国现阶段预算绩效管理改革需要重点关注和推进的内容。要对国外绩效评价体系的成熟做法进行充分的借鉴和吸收，逐步完善我国总体的和具体部门的绩效评价指标体系、评价标准和评估方法等内容，从而能够全面、完整地反映出各部门的预算绩效情况，为下一步的部门绩效改进提供有效的绩效信息。

四、着手构建有效的激励制约机制，强化支出机构的责任和动力

通过对比分析发达国家的绩效预算机制，我们可以看出，它们的绩效预算的侧重点已经从注重财政稳定性转变为对资源有效配置的关注，同时重视绩效的具体明细内容，采用了契约安排等方式，加强中央和地方政

府、各个部门之间的权责分配，要求各部门在预算编制时明确本部门的绩效目标，同时使各部门拥有一定的资源分配自主权，并强化各部门的资金支出责任，逐步建立起有效的激励制约机制，最终目的是提高财政支出效益。

五、加强绩效理念宣传，形成多方共同推进的合力

具有相似的绩效文化背景和良好的改革氛围是国外能够成功实现预算绩效管理改革的重要经验，因为西方国家有相似的社会经济发展基础和进程。因此，我国要根据自身实际，对绩效文化进行大力宣传，形成绩效管理理念，创造良好的外部舆论环境。同时，要加强对机构的建设和人员的培训，调动各级财政部门和预算部门的积极性和主动性、能动性，借助各级各方力量，合力推动预算绩效管理改革。

| 第六章 |

新阶段水利预算绩效管理改革
创新思路与改革趋向

新发展阶段，我国水利预算绩效管理也要适应不断变化的社会、经济等形势，研判水利预算绩效管理的趋势与关注焦点，不断提升我国水利预算绩效管理效能。本章首先阐述了新时期我国水利预算绩效管理改革的时代价值；基于此，提出了水利预算绩效管理的总体思路，并对水利预算绩效管理的着力点，即水利预算绩效评价环节进行了重点论述；最终提出了新发展阶段水利系统推进预算绩效管理工作的改革趋向。

第一节　时代价值

预算绩效是市场经济下政府的管理理念更新融合的一项复杂的系统工程，预算绩效的推行一定要谨慎且符合本国国情。目前，我国水利行业全面实施预算绩效管理工作已全面启动，正积极引入国内外先进经验，不断完善相关制度体系，不断提升技术水平。水利行业进入水利高质量发展的新阶段，深化水利预算绩效管理工作、助力水利高质量发展是把握党和国家事业发展大势大局和水利行业发展规律，研判水利发展历史方位，分析水利发展客观要求，综合深入判断做出的战略选择。科学制定水利预算绩效管理制度，对于全面推进预算绩效管理工作，全力推动新时期水利事业发展具有重要的现实和时代价值。

一、是推进水利事业高质量发展的必然要求

《中华人民共和国国民经济和社会发展第十四个五年规划和 2035 年

远景目标纲要》为长时期我国经济社会发展提供了科学指南和基本遵循。《纲要》明确了我国要加强水利基础设施建设。要立足流域整体和水资源空间均衡配置，加强跨行政区河流水系治理保护和骨干工程建设，强化大中小微水利设施协调配套，提升水资源优化配置和水旱灾害防御能力等。这充分体现了以习近平同志为核心的党中央对水利工作的高度重视，凸显了水利的公益性、基础性、战略性。可以很明确地认为，"十四五"时期，我国水利工作将紧扣新发展阶段、新发展理念、新发展格局，深入贯彻落实"十六字"治水思路，坚持深化改革、强化创新、系统推进，助推水利事业高质量发展，更好满足人民群众对美好生活的向往。新发展阶段，我国水利事业要实现高质量发展，就必然要做好预算绩效管理工作，以更好地提升水利发展资金使用效率，保障水利事业健康有序发展。

二、是水利行业治理体系和治理能力现代化的重要内容

党的十八届三中全会提出"国家治理体系和治理能力现代化"的重大命题，适应了新发展阶段我国社会经济发展的需要，是为主动应对国际国内形势提出的符合当前和未来时期国情的措施。目前来看，国家治理体系和治理能力现代化建设的"四梁八柱"已经搭建好，但是仍存在许多制约高质量发展的因素。水利部门作为我国政府的重要组成部分，其治理体系和治理能力的现代化，也是国家治理体系和治理能力现代化的一部分。作为水利系统治理体系和治理能力现代化的表现形式，强化水利预算绩效管理显得尤为关键。只有不断加强预算绩效管理能力建设，才能确保财政资金使用效率最大。从全国来看，水利行业事关人民群众的生产、生活、生态福祉的提高，只有保障我国水利事业顺利发展，才能够更好推进现代化建设进程。深化水利预算绩效改革，不断完善以水利预算绩效为标志的现代预算制度，能够为水利财政活动提供更完整的约束框架，减少政府使用财政资金过程中委托—代理问题造成的效率损失。

三、是提升水利预算管理能力的重要路径

深化预算绩效管理必须以建立和实现预算绩效为方向和目标，这是解决预算、绩效"两张皮"问题的根本途径。目前，水利部预算绩效管理工作以对试点项目和单位整体支出绩效评价为带动，全面实施绩效目标管理、绩效监控、绩效自评等各项工作，绩效管理初步实现全范围覆盖，但绩效管理深度仍有待于不断深化，绩效信息的应用也相对落后，部分二级预算单位对预算绩效管理的理念和重视程度存在较大差异。这主要是由于其对当前和未来一段时期内国内国际社会经济发展形势的认知存在不足，预算绩效管理的意识淡薄，预算绩效责任感不高，导致财政资金使用结构固化。低效或无效的财政资金利用依然存在，既浪费了财政资金，又降低了公共服务水平的供给能力。因此，水利预算绩效管理要始终树立"讲求绩效"的责任理念，全力提高水利预算管理效率，高质量保障水利事业各项目顺利开展，拓展预算绩效管理的发展空间。

第二节　总体思路与创新路径

一、指导思想

以习近平新时代中国特色社会主义思想为指导，以"十六字"治水思路为引领，立足新发展阶段、贯彻新发展理念、构建新发展格局，以服务水利高质量发展为目标，积极践行水利预算管理"三项机制"，坚持系统观念、底线思维、问题导向和结果导向，围绕中心、服务大局，牢固树立"花钱必问效、无效必问责"的绩效管理理念，按照"预算编制有目标、预算执行有监控、预算完成有评价、评价结果有反馈、反馈结果有应用"

的全面实施绩效管理新思路，推动绩效评价提质增效，推进建立全方位、全过程、全覆盖的水利预算绩效管理体系。

二、关键领域改革创新路径

（1）推动绩效目标管理标准化。绩效目标并非一成不变，要结合社会经济发展对水利事业的需要，持续推进绩效目标管理标准化，搭建预算绩效管理共性指标，使其能够涵盖项目预算绩效管理的内容、产出和效果。同时，也要关注各项目的差异性，适当调整个性指标，确保绩效目标指标更加科学、合理。

（2）强化预算绩效中期监控。配合强化中期绩效监控，将预算绩效监控与预算执行考核同步推进，确保序时均衡实现绩效目标。对中央一般公共预算、政府性基金预算和国有资本经营预算等各类资金，按照"单位自查、绩效复核、结果应用"的流程定期监控绩效目标指标序时完成情况，对存在的问题早发现、早解决，确保年度绩效目标按期实现。

（3）科学实施预算项目绩效评价。采取"全面自评"和"试点评价"相结合的方式，在实现水利预算项目绩效单位自评价全覆盖基础上，将落实党中央、国务院重大决策部署作为预算绩效管理重点，加强重点领域预算绩效管理，按照"评价站位高、调查访谈实、评价结果准、评价程度深"的要求，做深做实试点项目和试点单位整体支出绩效评价工作，全面、深度反映预算绩效。推动建立试点评价项目滚动管理机制，结合部门职责逐年更新试点项目范围，力争"十四五"时期基本实现水利核心业务深度绩效评价全覆盖。

（4）探索推进部门整体绩效评价。按照全面覆盖、突出重点的原则，从部门职责出发，研究确定水利部部门整体绩效目标指标，配合建立覆盖规划计划、行政执法监督、财务管理、能力建设、水资源管理、水资源节约、水利工程建设与运行管理、河湖管理、水利监督、水旱灾害防御等多个方面的部门整体绩效评价指标体系，协助评估绩效目标完成情况，监测和反映部门履职效果，为深化水利改革发展提供服务支撑。

（5）推进绩效评价结果公开应用。配合推动绩效评价结果应用，将绩效评价结果与完善政策、调整预算安排有机衔接。定期报送绩效自评、绩效监控、绩效评价等结果，将绩效评价作为预算执行考核的重要内容，将绩效评价结果作为完善政策和项目评审的重要参考。加大绩效信息公开力度，配合做好绩效目标、绩效评价结果向社会公开相关工作。

第三节　水利预算绩效管理改革趋向

水利预算绩效管理是我国公共财政预算管理的重要组成部分，是提高政府管理效能的重要手段。通过前述章节论述可知，我国水利预算绩效管理在预算绩效运行监控和预算绩效评价等环节已经走在了前列，通过分析水利预算绩效管理现状及存在问题，研判未来我国水利部门预算绩效管理发展方向及可行路径具有重要意义。

一、强化预算绩效目标科学性、合理性

新发展阶段，新形势、新要求对水利部门预算绩效管理工作提出了更高标准。因此，一定要站在更高的战略位置，深入剖析水利部门预算绩效管理中存在的问题，及时化解矛盾，使预算绩效目标管理工作的预算编制、执行等环节相互贯通，高质量推进预算绩效管理工作。

（一）构建动态预算绩效评价目标

未来一段时间，公共风险的应对、化解和防范将是重点任务，必须守好系统性风险的底线，化解短期风险，防范长期风险。在绩效目标和标准的设定上，水利系统预算绩效管理工作应从增加确定性和动态调整两个维度发力。首先，要结合公共风险分析和预测框架，对水利系统重点领域公

共风险进行充分研判。通过充分研判公共风险未来情景，实现关键风险预警点的预测，并设置相应的预算绩效风险标准。构建水利系统预算绩效风险防范机制，对于绩效目标实现出现重大偏差，触及风险预警标准的，及时予以纠正或及时止损，最大限度保障预算资金使用的安全、有效。其次，加强绩效目标和标准的动态可调整性。公共风险本身具有较强的不确定性，特别是水利系统面临的不确定性因素更多、更突发。异常天气及极端气候的变化对水利系统本身提出了更高的要求和更严格的预算管理目标。然而，预算年度内的绩效目标本身是相对稳定的。水利系统预算绩效管理的周期过程应为"过去绩效情况—未来预期的公共风险—预算绩效目标和标准的调整—瞄准绩效目标展开绩效评价—绩效结果"的新闭环，将绩效目标和标准的调整嵌入既有的预算绩效管理过程，保证在标准约束下的支出灵活性以及标准动态调整的可操作性。

（二）完善预算绩效评价指标体系

客观、合理、可量化的指标来源，是评定水利项目预算绩效管理的基本前提。首先，在预算绩效评价指标体系优化方面，要更科学地确定项目绩效目标，明确预算绩效总任务、总产出和总效益等，进而合理分解细化指标，根据任务内容，将总体绩效目标细化到多个子目标。在考虑可实现性的基础上，科学设定指标值，以充分发挥绩效目标对预算编制执行的引导约束和控制作用。其次，在绩效指标设置的原则方面，坚持重点突出、量化易评原则，将预算绩效指标尽量涵盖政策目标、支出方向等主体内容，选取能体现主要产出和核心效果的指标。指标的选取要能够量化，对于社会效益指标、可持续影响指标等反映水利建设和管理长期效益的相关绩效指标，可以通过更多渠道，用图片、录音、影像等更具有证明力且数量相对合理的佐证材料进行证明，以增强指标评价的客观合理性。最后，在绩效指标值设定方面，要依据国家、财政部等计划要求，结合行业国际标准、行业国家标准等，重点参考近三年绩效指标平均值，确定成本指标取值不得超出规定的预算支出标准设置目标值等。

二、创新优化预算绩效评价技术与方法

预算评价结果是否有效、可信度和科学性如何，最重要的在于依靠合理的预算绩效评价技术。只有评价指标体系设置科学且规范，才能够为各利益主体提供真实、有效的预算绩效评价结果，进而提升资金管理水平。

(一) 建立科学、规范的预算绩效管理制度体系

为了更好地开展水利项目预算绩效管理工作，首先，应该更加健全预算绩效管理系统，强化管理系统性。要将预算绩效管理的各环节分解，责任细化到人，实行精细化管理，切实提高责任人的预算绩效管理意识。对于预算绩效管理工作中的关键环节，应该着重关照，确保每一个环节不出现问题，以便使预算绩效管理流程更加顺畅。水利预算绩效管理工作要做到权威性和科学性，就必须要将绩效管理工作作为一项长期工作持续来抓，并使其制度化，通过明确的责任分工和部门间协作配合，搭建更加合理、科学的预算绩效管理工作体系。其次，要坚持实事求是的原则，引导多部门人员积极参与到预算绩效管理工作中，要做到职责分明。更要对各级人员做好监督管理，确保每个人都能够以正确的方式开展预算绩效管理，以避免不必要的预算风险发生。再次，针对水利预算单位级次多、链条长的特点，进一步完善下管一级、辐射推进的绩效管理分级推动机制。逐级加强宣传培训、绩效复核、结果应用等各项工作，层层落实责任、传导压力，将预算绩效管理工作逐级做深做实。最后，要将预算绩效管理的监控工作做到常态化、动态化，任何工作的实施都没有终点，只有保持动态性，才能够保障工作可持续。水利预算绩效管理要保证预算绩效数据的正确性，对预算执行情况和预算评价结果开展动态监管，以便更好、更及时地发现项目执行过程中存在的问题，进而实现有效整改，提高财政资金使用效率。

（二）进一步优化过程管理工作流程

水利预算绩效管理要在"强化过程管理、确保质量效应"的基础上，进一步优化"拟定工作方案—制定评价标准体系—单位自评—第三方机构复评—工作组现场抽评"的工作流程。第一，要制定绩效评价工作方案。要进一步明确绩效评价工作的指导思想、评价对象、评价依据、工作内容、时间安排和工作要求，确保绩效评价工作顺利开展。第二，通过深入调研，编制绩效评价打分体系。要科学制定绩效评价指标体系及评分说明，从决策、过程、产出、效益四个维度设定评价指标，明确评分标准，并将其作为二级预算单位开展绩效评价工作、第三方机构现场复核及专家组抽查复核的统一打分依据。第三，要统筹推进单位绩效自评。要逐步构建"财务牵头、业务唱戏、多方参与"的自评价工作机制，财务部门和业务部门通力协作，项目负责人及时收集整理绩效佐证材料，按照方案确定的工作内容和时间要求，根据绩效评价指标体系及评分说明，基于项目实施或单位履职实际情况，进行绩效自评价，形成绩效自评价报告及自评打分结果。第四，要通过调查访谈，开展第三方复核评价。通过组织第三方中介机构对各单位自评结果进行复核，从决策情况、资金管理和使用情况、相关管理制度办法的健全性及执行有效性、实际的产出情况、取得的效益情况及其他相关内容等角度进行深入调查访谈，核实绩效目标指标完成情况，查找预算绩效管理存在的薄弱环节，对发现的问题及疑点及时汇总上报，为后期工作组开展现场抽查奠定基础。第五，要组织实施专家现场复核。中介机构复核后，针对重点项目或存疑项目，组织财务主管部门、业务主管部门及相关领域专家，共同组建现场复核评价工作组，开展现场复核评价工作。现场复核可采用"五步工作法"：一是听取自评价情况及第三方复核情况汇报；二是核查资料和核对指标；三是座谈调查、质询答疑；四是充分讨论形成复核评价意见；五是沟通反馈并促进问题整改。创新设计《复核评价专家工作底稿》《复核评价签证单》《复核评价意见》等格式文书，确保评价结论有据可依、有数可查。

（三）逐步建设水利系统预算绩效管理数据库

水利部组织各级预算单位通过制定并完善个性指标库，使水利部预算绩效管理工作效率得到了很大程度的提升，在全国产生了示范效应。但是，总体而言，水利系统预算绩效管理工作仍需进一步强化评价交流平台建设工作，以供不同性质、不同部门共享信息。通过控制资金投入量，强化预算绩效信息在预算决策中的使用，扩大部门项目资金的结余使用权，将预算绩效管理水平与干部绩效考评、奖金津贴挂钩，促进绩效信息在资源配置中发挥应有作用，进一步提高领导干部对预算绩效管理的认知深度和广度，逐渐形成"用钱必问效、无效必问责"的责任监管体制，对于部分虚假信息和内容给予坚决抵制。对于预算绩效管理过程中出现的问题，都要找到产生缘由。通过不断完善绩效管理工作考核制度，提高财政资金使用效率。充分利用水利系统预算绩效信息平台，借助数据库、项目库、指标库的数据分析功能，通过海量数据的实时动态监测和处理，提高预测精度。通过信息平台系统联网和数据共享，实现绩效偏差自动预警和评分标准的自动修正，设置公共风险警戒线。在上述三个数据库基础上，搭建高效的水利预算绩效管理信息化系统。建立水利系统预算绩效管理信息平台，打破"信息孤岛"和"数据烟囱"，提升绩效评价信息管理水平，从而确保评价结果应用的有效性。要完善绩效评价信息化手段，搭建绩效评价工作信息交流平台。搭建水利系统内部绩效评价工作信息交流平台，既有利于各部门之间协调沟通、高效合作，又有利于实现信息共享，缓解评价质量高低不一的状况。

（四）完善引入第三方评价的制度体系

首先，完善第三方机构参与的法律制度。由于水利系统部分项目的实施具有机密性或秘密性，对相关信息的把控较为严格，按照常规处理方式，进行第三方机构复核，极容易造成信息泄露，危害国家安全，对国家造成不可估量的损失。因此，要健全第三方机构参与的法律制度，平衡两者之间的关系。进一步明确界定和确保第三方机构独立性之外，也要对其进行严格监管，强化法律约束力，保障第三方机构依法合规开展工作。其次，完善第三方机构竞争机制。由于第三方机构在复核相关材料时具有独立性，但是在预算绩效管理市场中，又存在和其他第三方机构的竞争关系，因此要建立符合水利系统预算绩效管理的第三方机构库，健全招投标程序，择优选取第三方机构，以便降低委托成本，提升预算绩效管理的第三方复核评价质量。

三、推动预算绩效评价结果的反馈应用

预算绩效管理主要是以成果为导向，追求绩效最大化，并且将绩效评价结果贯穿于预算编制、预算执行、预算监督的各个环节中。可以说，预算绩效结果是财政资源配置的结果，只有将预算绩效管理的各个环节相互融通，才能够有效提高财政资金使用效率。

（一）落实预算挂钩制度，探索建立奖优罚劣奖惩机制

水利系统预算绩效管理工作要将绩效评价结果与预算资金安排相结合，下一年度中对绩效表现优秀的项目优先保障资金，对绩效一般的政策项目按需核减预算，对低绩效项目、政策一律暂停安排资金。对有问题的，要追究责任、限时整改，并在预算执行考核、单位绩效考核、人员考核等方面加以应用。对绩效评价为"优"的，给予一定的正向激励，在预算安排、表扬表彰等方面加以体现。

（二）做好绩效评价结果与下一年度预算的有效衔接

绩效评价结果是对当年部门预算绩效管理工作做出的客观、公正的评判，评价结果既可以作为当年工作的总结，又可以作为下一年度预算安排的重要依据。只有将评价结果与下一年度预算安排有效衔接，才能够体现评价结果的公允性。水利部门预算绩效管理要对评价结果做出等级划分，

对于绩效考核得分最高的、资金使用效率最优的部门可以给予一定比例的专项奖励；对于考核得分较高、资金使用效率较优的部门给予部分支持；对于绩效评价结果得分较低、效果较差的项目，应该给予通报批评，并限期整改。不进行整改或者整改不到位的，适当调减项目预算，将结余资金调整到预算绩效评价结果较好的项目上。只有建立合理的奖惩制度，才能够更加优化预算绩效管理流程，提高财政资金使用效率。

四、加强预算绩效管理实施的组织保障

根据新阶段高质量推进水利事业发展新要求，必须坚持党建引领业务，加强队伍能力建设，多措并举、精准发力、上下联动、统筹推进项目管理重点任务落到实处。

（一）强化责任担当，提高政治站位

水利部部长李国英强调，新阶段水利工作的主题为推动高质量发展，这是对标习近平总书记重要讲话精神、准确把握党和国家事业发展大势大局、科学分析水利发展历史方位和客观要求，综合深入判断做出的战略选择。新发展阶段，为推进水利事业更好发展，就必须要高度关注预算绩效管理工作，摒弃以往预算绩效管理过程中存在的痛点，利用新思维、新方法推进水利预算绩效管理工作。首先，明确水利预算绩效管理职责。明确管理职责，才能更好地推进预算绩效管理工作。应该由各预算主管部门具体负责本处室的预算绩效管理工作，并指导其他相关部门开展预算绩效管理工作。其次，要优化水利系统预算绩效管理工作流程。只有完善、规范的工作流程才能够确保预算绩效管理的各环节紧密相连，确保工作责任到人，提高预算绩效管理精准程度。最后，要深刻认识预算绩效管理的重要性和紧迫性。高质量推进我国政府预算绩效管理工作，是国家治理体系和治理能力现代化的重要体现，是一项涉及面广、系统性强、难度性大的工程。水利预算绩效管理工作要认真贯彻落实党的十九届五中全会精神，以

习近平总书记关于加强绩效管理工作的重要论述等作为重要学习内容，深刻认识到预算绩效管理工作是党中央、国务院站在新的历史发展阶段、围绕新的国际国内局势、针对新的现实问题所做出的重要决策部署，更是不断完善党的治理体系和治理能力现代化的重要方面。新发展阶段，要不断强化水利部门预算绩效管理工作，坚定党的党性和原则，全面审视水利预算绩效管理工作中存在的问题，聚焦高质量推进水利预算绩效管理工作，全力补短板、强弱项。深入剖析水利预算绩效管理工作中的问题根源，及时予以解决，在发现问题、分析问题和解决问题中化解矛盾、推动工作、提升能力。特别是中共中央、国务院在 2018 年 9 月 1 日印发《关于全面实施预算绩效管理的意见》后，水利部及时跟进，出台了一系列部门措施，为推进水利预算绩效管理提供了重要参考。"十四五"时期及未来一段时间内，水利部门要站在更高起点谋划和推进改革，以现有政策法规为基础，提高政治站位意识，担当新使命、展现新作为、落实新要求。

（二）加强水利部门预算绩效管理队伍建设

伴随着绩效评价范围的不断扩大，将继续加大绩效管理培训力度，创新培训方式，扩大培训范围。首先，为提升预算绩效管理质量和水平，要精细落实各项预算绩效管理的工作安排，长期持续发力，务实做好绩效管理工作，要设置预算绩效管理专职岗位，让专业人员负责专业的业务，才能提高工作效率，保障预算绩效管理工作有序进行。通过招聘专业对口的专职人员，逐步搭建业务能力强的专职队伍，为全面做好预算绩效管理工作提供坚强后盾和专业服务。其次，为从根本上提高绩效管理能力，应该利用更加精准、更加灵活的宣传方式，积极宣传与绩效管理有关的知识及经验，加大各个部门间团队协作力度，强化对水利项目预算绩效管理相关参与者的培训力度，从整体上提升专业人员的整体素质和管理水平。再次，通过更加先进、更加科学的方式拓宽培训渠道和培训方式。伴随着新冠肺炎疫情对世界各国、各行业带来的冲击，培训方式也在发生着较大变化。水利系统内预算绩效管理应该转变以往的培训方式和培训手段，将临时性、应激性的培训模式转变为长期性、制度化的培训模式，采取线上培训和精准投放等形式，拓宽原有预算绩效管理培训方式。最后，要加大经费保障力度，确保基础科研可持续发展。根据科研项目周期长且成果及效益显现滞后的特点，建议财政部门对成果转移转化前景良好、基础理论研究类的项目，加大经费支持保障力度，确保基础科研可持续发展。

(三) 增强部门之间协同性和系统性

全面实施预算绩效管理是推进国家治理体系和治理能力现代化的内在要求，是深化财税体制改革、建立现代财政制度的重要内容。预算绩效管理工作不仅仅是一个部门的事情，更多的是要增强部门之间的协调关系，这种协调也不仅限于部门内部，也体现在部门和部门之间的协调。由此可见，预算绩效管理本身就是一项长期的系统性工程，涉及面广、难度大。水利系统预算绩效管理工作之所以能够走在前列，最重要的保障在于水利部系统自上而下的统筹管理，强化全部门参与和系统观念，能够不断增强组织凝聚力和协调解决事情的能力，最大限度做好预算绩效管理工作。

(四) 提高公众参与度

习近平总书记特别强调要提高人民群众依法管理国家事务的能力。要充分调动公众参与的积极性和主动性，才能够更好地保障预算绩效管理工作顺利开展。目前来看，水利预算绩效管理工作并未充分激发群众参与热情，这里既有预算绩效管理单位的原因，也有公众的原因。从水利预算绩效管理主体来看，水利系统的预算绩效管理流程、财政资金使用状况、财政资金产出效果等信息并未很好地呈现给公众，导致公众对预算绩效管理的关注度不高。为此，要借助更加灵活多样的媒体宣传方式和微信、微博等多种新型平台，加强新媒体和社会团体之间的沟通与交流，对预算绩效管理工作予以信息公开，对于预算编制过程中的分配、预算执行和评价结果都要在一定程度上让公众知晓，让公众尽可能多地了解水利系统预算绩效管理工作，真正实现公众对预算绩效管理工作的监督，形成更为完善的监管体系。由于水利系统各项目的主体信息量大、传播迅速，具有向公众宣传引导的优势，因此，要将预算绩效管理的相关信息告知社会，接受社会各界对预算绩效管理的建议，营造良好的监督氛围。从公众角度来看，要增强个人预算绩效管理理念，多关心水利事业发展，积极带动身边人群参与到水利系统预算绩效管理监督中来。

参考文献

［1］爱伦·鲁宾.公共预算中的政治：收入与支出，借贷与平衡［M］.叶娟丽，译.北京：中国人民大学出版社，2001.

［2］财政部预算司.绩效预算和支出绩效考评研究［M］.北京：中国财政经济出版社，2007.

［3］成璇璇.中国预算绩效管理发展探析［J］.法制与社会，2019（23）：163-165.

［4］邓毅.公共选择理论与绩效预算［J］.行政事业资产与财务，2009（2）：29-32.

［5］付涛.水利项目预算绩效管理思考［J］.商讯，2020（18）：148-149.

［6］高志立.从"预算绩效"到"绩效预算"——河北省绩效预算改革的实践与思考［J］.财政研究，2015（8）：57-64.

［7］郭炳奎.提高水利预算绩效管理水平的思路探讨［J］.湖南水利水电，2014（5）：46-47，55.

［8］胡景涛.基于绩效管理的政府会计体系构建研究［D］.东北财经大学博士学位论文，2011.

［9］贾康，苏明.部门预算编制问题研究［M］.北京：经济科学出版社，2004.

［10］姜秀敏.水利预算绩效管理研究［J］.行政事业资产与财务，2015（36）：18-19.

［11］李春瑜，刘玉琳.战略绩效管理工具及其整合［J］.会计之友，

2005（7）：26-27.

　　［12］李海南. 预算绩效管理是适应我国国情的现实选择［J］. 财政研究，2014（3）：46-49.

　　［13］李琨. 内部控制视角下对行政事业单位预算绩效管理的思考［J］. 中国注册会计师，2014（2）：99-101.

　　［14］廖晓军. 国外政府预算管理概览［M］. 北京：经济科学出版社，2016.

　　［15］刘莉. 水利工程项目预算绩效管理工作探讨［J］. 珠江水运，2019（15）：40-41.

　　［16］骆建宇，罗玉兰，骆思睿. 水利科研项目预算绩效管理中存在的问题及对策措施［J］. 长江技术经济，2021，5（2）：62-66.

　　［17］马蔡琛，苗珊. 预算绩效管理的若干重要理念问题辨析［J］. 财政监督，2019（19）：29-37.

　　［18］马国贤. 论预算绩效评价与绩效指标［J］. 地方财政研究，2014（3）：36-47.

　　［19］马国贤. 预算绩效评价与绩效管理研究［J］. 财政监督，2011（1）：18-22.

　　［20］马海涛，曹堂哲，王红梅. 预算绩效管理理论与实践［M］. 北京：中国财政经济出版社，2020.

　　［21］钱水祥，毕诗浩，王健宇. 全面实施水利预算绩效管理实践思考［J］. 中国水利，2018（14）：28，34-36.

　　［22］钱水祥，陈卓. 基本科研业务费绩效评价指标体系构建及应用［J］. 地方财政研究，2021（2）：66-75.

　　［23］钱水祥，王怀通，高雅楠. 强化水利预算项目管理的对策与思考［J］. 中国水利，2019（23）：59-61.

　　［24］钱水祥，王健宇，王怀通，关欣，毕诗浩. 全过程水利预算项目管理的实践与思考［J］. 中国水利，2017（10）：44-47.

　　［25］钱水祥. 政府投资项目全生命周期绩效审计评价模型研究［J］.

社会科学战线，2014（4）：57-62.

［26］孙玉栋，席毓. 全覆盖预算绩效管理的内容建构和路径探讨［J］. 中国行政管理，2020（2）：29-37.

［27］童伟，黄如兰. 全面实施预算绩效管理改革：实践困境与解决路径探索［J］. 财政科学，2018（11）：30-35.

［28］童伟. 基于编制本位和流程再造的预算绩效激励机制构建［J］. 财政研究，2019（6）：46-56.

［29］王海涛. 推进我国预算绩效管理的思考与研究［M］. 北京：经济科学出版社，2014.

［30］王海涛. 我国预算绩效管理改革研究［D］. 财政部财政科学研究所博士学位论文，2014.

［31］王泽彩. 预算绩效管理：新时代全面实施绩效管理的实现路径［J］. 中国行政管理，2018（4）：6-12.

［32］伍玥. 我国绩效预算改革研究［D］. 中国财政科学研究院硕士学位论文，2017.

［33］武玉坤，黄丽. 加拿大绩效预算改革研究［J］. 江苏师范大学学报（哲学社会科学版），2019，45（4）：98-108.

［34］夏先德. 全过程预算绩效管理机制研究［J］. 财政研究，2013（4）：11-16.

［35］向辉煌. 水利预算绩效管理问题研究［J］. 时代经贸，2019（2）：82-83.

［36］肖鹏. 美国政府预算［M］. 北京：经济科学出版社，2014.

［37］邢思远. TH 水利管理局预算绩效管理研究［D］. 安徽财经大学硕士学位论文，2017.

［38］苑斌. 水利预算绩效管理问题研究［J］. 经济与管理，2011，25（11）：43-46.

［39］张建萍，赵博，薄慧. 水利财政预算资金绩效管理研究［J］. 时代金融，2016（32）：171-174.

[40] 张伟. 完善预算支出绩效评价体系研究 [D]. 中国财政科学研究院博士学位论文, 2015.

[41] 赵小曼. G区政府公共预算绩效管理问题与对策研究 [D]. 扬州大学硕士学位论文, 2020.

[42] 赵莹. 水利预算绩效管理工作的思考与建议 [J]. 中国水利, 2014 (4): 5-7, 4.

[43] 赵莹, 孙康. 绩效预算在水利财务管理中的应用——以海委预算绩效管理为例 [J]. 海河水利, 2014 (3): 65-68.

[44] 郑建新, 许正中. 国际绩效预算改革与实践 [M]. 北京: 中国财政经济出版社, 2014.

[45] 周平, 侯海燕. 加强水利项目实施单位绩效管理的思考 [J]. 中共银川市委党校学报, 2013, 15 (4): 85-87.

[46] 朱美丽. 基于公共价值的全面预算绩效管理研究 [M]. 北京: 社会科学文献出版社, 2020.

[47] 卓越, 徐国冲. 绩效标准: 政府绩效管理的新工具 [J]. 中国行政管理, 2010 (4): 20-23.

[48] 祖阳. 水利财政资金预算绩效管理研究 [J]. 行政事业资产与财务, 2017 (13): 21-22.

[49] Alfred Tat-Kei Ho. Performance Budgeting in the US: A Long History of Institutional Change. from Ho, De Jong, Zhao edits. Performance Budgeting Reform, publishing in 2019, Rougles.

[50] Allen Schick. Budgeting for Results: Recent Developments in Five Industrialized Countries: An ASPA Classic//In G. J. Miller, W. B. Hildreth, J. Rabin (Eds.). Performance Based Budgeting. Boulder, CO: Westview, 2001.

[51] Campbell J. P. Modelling the Performance Prediction Problem in Industrial and Organizational Psychology [M] // M. D. Dunnette & L. M. Hough (Eds.). Handbook of Industrial and Organizational Psychology. Consulting Psychologists Press, 1990: 687-732.

[52] H. K. Bernadin, J. S. Kane, S. Ross, J. D. Spina, D. L. Johnson. Performance Appraisal Design, Development and Implementation [C]//G. R. Ferris, S. D. Rosen, D. J. Barnum. Handbook of Human Resource Management, Blackwell, Cambridge, Mass, 1995.

[53] Lewis Hawke. Australia. Edited by Donald Moynihan and Ivor Beazley. Toward Next-Generation Performance Budgeting: Lessons from the Experiences of Seven Reforming Countries [R]. World Bank Group, 2016.

[54] NAO. Cabinet Office and HM Treasury: Improving Government's Planning and Spending Framework, HC 1679 SESSION 2017-2019.

[55] Richard Hughes. Performance Budgeting in the UK: 10 Lessons from a Decade of Experience [R]. Fiscal Affairs Department, International Monetary Fund, June 2008.